Untersuchungen
zur indogermanischen Sprach- und Kulturwissenschaft.

Herausgegeben

von

Karl Brugmann und **Albert Thumb.**

5

Die Haupttypen der heutigen neuhochdeutschen Wortstellung im Hauptsatz.

Von **Rudolf Blümel.**

Straßburg
Verlag von Karl J. Trübner
1914.

Die Haupttypen der heutigen neuhochdeutschen Wortstellung im Hauptsatz.

Von

Rudolf Blümel.

Straßburg
Verlag von Karl J. Trübner
1914.

M. DuMont Schauberg, Straßburg i. E.

Hermann Paul

gewidmet

Vorwort.

Die erste Ausarbeitung dieser Schrift fällt in das Jahr 1908, die letzte ins Jahr 1913.

Den Herren Professoren Brugmann, Streitberg und Thumb sage ich besonderen Dank für ihr Wohlwollen und ihre Bemühungen.

Braune	=	Braune, Zur Lehre von der deutschen Wortstellung, in den Forschungen zur deutschen Philologie, Festgabe für Rudolf Hildebrand zum 13. März 1894.
Hermann	=	Griechische Forschungen I, Die Nebensätze in den griechischen Dialektinschriften im Vergleich mit den Nebensätzen in der griechischen Literatur und die Gebildetensprache im Griechischen und Deutschen.
Kieckers	=	Kieckers, Die Stellung des Verbs im Griechischen und in den verwandten Sprachen, Brugmann-Thumb, Untersuchungen zur indogermanischen Sprach- und Kulturwissenschaft 2.
PBB. 35, 494—534	=	Blümel, Die Aufgaben der nhd. Wortstellungslehre.
Ries	=	Ries, Die Wortstellung im Beowulf.
Sütterlin	=	Sütterlin, Die deutsche Sprache der Gegenwart, 3. Auflage.

Inhalt.

Heutige neuhochdeutsche Einheiten der Wortstellung.

Der Form nach unterscheide ich

Höhere Einheiten, ihre Zerlegung führt zuletzt auf Sätze, vgl. unten, als Glieder niederster Ordnung.

1. Höhere Reihen mit Beiordnungsbeziehung,

2. Höhere Gruppen mit Unterordnungsbeziehung der Bestandteile.

Bestandteile der höheren Reihen und höheren Gruppen können Sätze und höhere Einheiten sein.

Höhere Reihe: *Hans lachte, aber Karl war traurig und Franz weinte sogar*: Satz und höhere Reihe, verbunden durch *aber*, diese bestehend aus zwei durch *und* verbundenen Gliedern.

Höhere Gruppe: *Ich trat eben aus dem Hause, als plötzlich ein heftiger Platzregen losbrach.*

3. Sätze im weiteren Sinne:

Hauptsätze; Nebensätze, d. h. Relativ- und abhängige Frage- und Ausrufesätze, dann überhaupt alle Sätze, die von unterordnenden Konjunktionen eingeleitet sind; satzähnliche Gebilde, nämlich Infinitive mit *um*, *ohne*, *anstatt . . . zu*, Infinitive mit *zu* in anderer als Subjekts- und Objektsfunktion (z. B. *Aufs Weidwerk hinaus ritt ein edler Held, den flüchtigen Gemsbock zu jagen*); Partizipien und nichtkongruierende lockere Appositionen, sowie Zwischenstufen zwischen Prädikat und Attribut, die solchen Appositionen ähnlich sind — alle diese zusammen mit ihren etwaigen Bestimmungen. Vgl. für die zwei letzten Arten: *Vor einem schwarzen Hause, aber gegen die andern doch noch eins von den hübschesten, macht Tante Halt. Trotz seiner sechzig Jahre ein rüstiger Mann, machte er noch weite Märsche.*

Am Aufbau eines Satzes, der als Satzgefüge zu bezeichnen ist, sind Sätze oder umfänglichere Einheiten als Sätze ein- oder mehrmals beteiligt als Satzteile ersten Grades im Sinne der Wortstellung: *Wer nicht hören will, muß fühlen. Er erzählte nun:* ... (eine Geschichte, diese ist Objekt).

Satzgefüge als Bestandteil eines umfassenderen Satzgefüges: *Wer nicht für den Winter sorgt, solange der Sommer dauert, leidet im Winter Not.*

Ein Satz umfaßt mindestens zwei in die Erscheinung tretende Satzteile ersten Grades im Sinne der Wortstellung, Verbum finitum nicht nötig: *Alles wohl.* Nebensatz: *Wenn er kommt, ist es recht, wenn nicht, machen wir die Sache ohne ihn ab.*

In sogenannten eingliedrigen Sätzen ist ein Satzteil ersten Grades in Worten weder vorgestellt noch ausgesprochen, sondern nur gedacht.

4. Satzstücke:

Vorderer Satzabschnitt: *Er ist ein Mann, den ich verehren, den ich lieben muß.*

Hinterer Satzabschnitt: *Sie schloß das Kind in ihre Arme und küßte es.*

Satzausschnitt: *Nun schmähte er und schalt er ihn heftig.*

Auch éin Satzteil ersten Grades kann unter Umständen als Satzstück bezeichnet werden. — Vgl. **8.**

5. Reihen von Satzstücken: *Er ist ein Mann, den ich verehren, den ich lieben muß. Sie schloß das Kind in ihre Arme und küßte es. Nun schmähte er und schalt er ihn heftig.* Vgl. **9.**

Satzteile:

6. Niedere Reihen, ihre Glieder sind einander beigeordnet, z. B. *ich und du.*

7. Niedere Gruppen, ihre Bestandteile stehen in der syntaktischen Beziehung der Unterordnung, z. B. *Mein Vater reist morgen ab*, seltener in einer andern wechselseitigen, z. B. *Das Konzert dauerte von acht Uhr bis halb elf.* Vgl. Anmerkung nach **12.**

8. Gruppenstücke: *Gestern starb mein lieber Nachbar und langjähriger Freund.* Vgl. **4.**

9. Reihen von Gruppenstücken: *Gestern starb mein lieber Nachbar und langjähriger Freund.* Vgl. **5.**

10. Wörter, darunter solche, die nur sichtbar sind: *Vor erschlossenen Formen steht das Zeichen *.*

11. Bedeutungsinhalte ohne Ausdruck: das Subjekt in dem Satze *ist recht*, das Akkusativobjekt in dem Satze *machen wir*.

12. Wortlaute, sinnvolle oder sinnlose Laute, Lautmassen von beliebigem Umfang und beliebiger Gliederung, nur zum Teil unter **1** bis **10** fallend: *Er sang Tralala.* In einem Satz, der lautet: *An dem nächsten Tage waren alle versammelt: ten Tage waren al ist kaum leserlich.*

Anmerkung. In niederen Reihen sowie in niederen Gruppen können grundsätzlich alle bisher erwähnten Formen als Bestandteile auftreten, Satz- und Gruppenstücke sowie deren Reihen wohl nur als Wortlaute.

Nach der Funktion umfaßt der Satz

die Obereinheiten, z. B. *Hans und Grete — hätten — die schönen Äpfel — gerne — essen — wollen.*

Die Gruppen zerfallen in

Untereinheiten ersten Grades, z. B. *Mein Freund — Richard war abgereist*; diese, soweit sie selbst Gruppen sind, in Untereinheiten zweiten Grades, z. B. hier *Mein — Freund* usw.

Reihen zerfallen in

Glieder, z. B. *Hans und Grete werden wohl schon schlafen.* Die Bindewörter, hier z. B. *und*, gehören weder nach Form noch nach Funktion zu irgend einem der verbundenen Glieder, vgl. auch *Hans lachte, aber Karl weinte.*

Satzstücke können mehrere Obereinheiten, Gruppenstücke mehrere Untereinheiten enthalten, aber nur der Form, nicht der Funktion nach. In einem Satze kann eine Reihe von Satzstücken, in einer Gruppe eine Reihe von Gruppenstücken stehen, vgl. 5 und 9.

Eine verbale Gruppe im gewöhnlichen syntaktischen Sinne umfaßt zwei oder drei, vielleicht noch mehr Obereinheiten, z. B. *Geben Sie mir doch das Buch!*

Selbst verbale Gebilde, die ihrer Bedeutung nach in die Wortbildungslehre gehören, umfassen mehrere Obereinheiten: *Er hat mir das Buch noch nicht gegeben; Er wird morgen kommen; Er wurde leicht verwundet; Sie sprang vom Stuhle auf.*

Grundsätzlich können Ober- und Untereinheiten in jeder der erwähnten Formen Ausdruck finden (Satz- und Gruppenstücke und ihre Reihen wohl nur als Wortlaute) oder ohne Ausdruck bleiben. Niedere Reihen haben dabei ihre Funktion als Ganzes, aber auch jedes ihrer Glieder hat dieselbe Funktion.

Der Bedeutungsinhalt der den Satz eröffnenden Obereinheit findet öfters mehrfachen Ausdruck, das zweitemal usw. durch vollständige oder andeutende Wiederholung, vielfach durch ein Pronomen, wenn nötig, abhängig von Präposition, oder durch ein Pronominaladverb. Inhaltlich hat diese Zweiheit (usw.) den Wert éiner Obereinheit, z. B. *Der Hans, der bleibt zu Hause. Am Morgen, da gehe ich immer spazieren. Wer so Husten hat wie du, der bleibt zu Hause. Wenn du Lust hast, dann kannst du mit uns gehen. Kaum hatten sie das Haus verlassen, so stürzte es zusammen.* Derartige Dreiheit etwa: *Ein Mann, der seine Kinder mißhandelt, ein solcher Mann, der ist ein Unmensch.* 2. Form *ein solcher Mann.* —

Umgekehrt findet sich andeutende Vorausnahme: *Er läßt auf sich warten, der Hans. Das hätte ich nie gedacht, daß sich die Sache so schnell entscheiden würde.*

Im Hauptsatz bezeichnet

S die Obereinheit des Subjekts.

A jede Obereinheit mit anderer Funktion als Subjekt und Verbum finitum

s, a die nachfolgende oder vorausgehende Andeutung von S oder A.

V Verbum finitum.

Im Nebensatz:

S, A, V wie im Hauptsatz.

K unterordnende Konjunktion z. B. *daß, weil, im Fall (er bald kommt . . .)*

^{K}S die Obereinheit des Relativ- oder Fragepronomens mit Subjektsfunktion, z. B. *Wer frei von Schuld ist . . . Wessen Gewissen frei von Schuld ist . . .*

^{K}A die Obereinheit des Relativ- oder Fragepronomens mit anderer als Subjektsfunktion, z. B. *Wohin ich mich wende . . . Nach welcher Seite ich mich wende . . .*

Anmerkung. Nach den als ^{K}S und ^{K}A bezeichneten Obereinheiten folgt die Stellung (S)AAA . . . V, wie nach K; wären sie einfach S oder A, so würde darauf folgen VAAA . . . oder VSAAA . . .; ^{K}S ^{K}A

haben also noch eine Funktion außer S und A, diese muß als K bezeichnet werden.

Außerhalb des Satzes
b beiordnende Konjunktion, z. B. *und, oder, aber.*

Die Haupttypen der Wortstellung im heutigen nhd. Satz

unterscheide ich nach den Wortstellungsformen des ganzen Satzes[1]), und nach der Bedeutung diesei Satzformen. Auch die Satzmelodie ist zur Entscheidung heranzuziehen.

Am Satzanfang ist statt S auch Ss, statt A auch Aa möglich. Ss ... *Hans, der* ...; Aa ... *Am Morgen, da* ...

S* SVAA ... *Karl reist morgen ab.*
A* AVSA ... *Morgen reist Karl ab*[2]).

V* VSAA ... *Reist Karl morgen ab?*[2]) [3]).

K* {
KSAA ... V *Ich weiß nicht, ob Karl morgen abreist*[2]).
^{K}SAA ... V *Wer morgen abreist, kommt in einen bösen Sturm.*
^{K}ASAA ... V *Ich weiß nicht, wann Karl morgen abreist*[2]).
}

Die A können unterschieden werden als A_1, A_2 usw.

Wenn S* die Form hat SV, *Er schläft*, so gilt S nur als éine Obereinheit, in K* = KSV *Weil er schläft* oder ^{K}SV *welcher schläft* vertritt S die ganze Masse SAAA ...

Nachschleppen können Satzstücke, vielfach nur eine Obereinheit umfassend, z. B. *Wenn er aufbraust in seinem Zorn, Wenn ich hätte kommen können*; Untereinheiten, z. B. *Dieses Haus wurde nur von einer Frau bewohnt, die über sechzig Jahre alt war.* Glieder von Reihen: *Hans kam und Anna.*

---

[1]) Hierin bin ich abhängig von Paul Mhd. Grammatik[5], S. 81, § 183.

[2]) Ohne S: *Mich friert. Friert dich? Wenn dich friert ... Wen derartig friert ...*

[3]) Imperativ gewöhnlich ohne S: *Komm bald wieder!*

+	Beispiel aus der Schriftsprache.
...	nicht wiedergegebenes Satz- oder Gruppenstück.
—	Pause, als Unterbrechung.
/	trennt die Anteile der Sprechenden an der Rede.

Altere Ansichten; Begründung der hier vorgetragenen.

Nach der Verbtheorie ist die Kernfrage der deutschen Wortstellungslehre die Stellung des Verbums, vgl. vor allem Braune S. 34f.

Die Inversionstheorie unterscheidet die gerade Folge SV... oder ... S ... V, und die ungerade Folge (Inversion): ... VS ... und VS ...

Ich gehe aus von den gewöhnlichen Formen des ganzen Satzes mit V. Hier ist wesentlich die Stellungsbeziehung der Masse SAAA ... zu V, unter Umständen zu der Bedeutung K. Entweder wird die Masse SAAA ... durch V unterbrochen, oder sie wird nicht unterbrochen. Daraus ergeben sich zunächst zwei Hauptfälle.

1. SVAAA ...	AVSAA ...
2. VSAAA ...	KSAAA ... V ^{K}SAAA ... V ^{K}ASAA ... V

Jedenfalls ist in 2. zu scheiden zwischen VSAAA ... und den übrigen, dort V der ganzen Masse vorangehend, hier ihr folgend, dazu noch die Bedeutung K.

Dann drängt es sich auf, daß im Sinne der Wortstellung zu scheiden ist, ob S oder ein A eröffnet, vgl. 5. Hauptabschnitt.

In dieser Vierteilung stehen sich S* und A* näher als V* und K*.

In jeder der vier Hauptformen eröffnet eine andre Funktion, daraus ergeben sich Unterschiede der Hauptgliederung, die ins Ohr und in die Augen fallen:

S— *Übriges* und A— *Übriges.*
V— *Übriges* und K— *Übriges.*

Nun lassen sich die Satzformen ohne V den übrigen anreihen:

SAAA . . . . an S*
ASAA . . . . an A*
KSAAA . . . }
^{K}SAAA . . . } an K*
^{K}ASAA . . . }

Nach der Funktion der eröffnenden Obereinheit richtet sich die Stellungsbeziehung von nachfolgendem V und Übrigem, z. B. auf *wer* = S folgt VAA . . . *Wer will mitkommen?* auf *wer* = ^{K}S folgt AA . . . V, *Wer mitkommen will* . . .

Die eröffnende Obereinheit ist dem Wortlaut nach dem Sprechenden gewöhnlich zuerst, vielfach allein klar; somit ist die Einteilung nach der Funktion der eröffnenden Obereinheit auch psychologisch berechtigt[1]).

Ein Formunterschied zwischen S* A* einerseits, V* K* anderseits ist schon erwähnt[2]). In V* und K* eröffnen dann Beziehungsbedeutungen, in S* und A* nicht. Nur in S* und A* kann ich verschiedene Eröffnungen wählen, in V* und K* nicht; V* und K* sind dann vom heutigen Standpunkt altertümliche Formen.

Nach der Melodie sind nur selbständige Sätze zu vergleichen, hier stehen S*- und A*sätze — ohne Wortfragen! — auf der einen, die V*- und K*sätze auf der andern Seite.

Die Bedeutungsähnlichkeit von S* und A* ist bekannt, weniger die der Formen V* und K*. Allen Bedeutungen der der V*sätze stehen ähnliche von K*sätzen gegenüber, die von K eröffnet werden:

Satzfragen: *Kommt er wohl noch? Ob er wohl noch kommt?*

Verwunderung, Ausruf: *Kann er sich gar nicht bessern! Daß er sich gar nicht bessern kann!*

Befehl: *Sei mir ordentlich! Daß du mir ordentlich bist!*

Wunsch: *Wäre ich doch schon zu Hause! Wenn ich doch schon zu Hause wäre!*

Abhängige Sätze in Stellung V* mit Funktion von *Wenn*-sätzen, ihre Entwicklung ist nur nach dem Muster der *Wenn*-

---

[1]) Wundts Dominierendes Element war mir bekannt, bevor ich die Funktion der eröffnenden Obereinheit als Kennzeichen der Wortstellungsform des Satzes aufstellte. Zu dieser Aufstellung kam ich aber auf einem ganz andern Wege.

[2]) Im Folgenden sehe ich ab von Sätzen wie *Kam da ein Mann.*

sätze zu verstehen: *Hast du auch Gold und Edelsteine, so bist du doch arm.*

Die Sätze in Form S* und A* stellen fest und erörtern als tatsächlich, in den V*sätzen ist diese Feststellung nicht vorhanden, auch nicht in den selbständigen K*sätzen, die abhängigen K*sätze geben uns das sicher Festgestellte oder das noch nicht Tatsächliche in Beziehung zu einem andern Teil der Aussage. Wahrscheinlich zeigt sich das an der Wortstellungsform der Masse (S)AA... im Satzinnern.

In S*- und A*sätzen haben wir freilich auch Satzbedeutungen, die denen von V* ähnlich sind, der Frage: *Er kommt wohl noch?* dem Ausruf: *Er kann sich doch gar nicht bessern!* dem Befehl: *Du gehst an die Arbeit!* — Wunschsätze in Stellung S* und A* haben wir aber nur im Konjunktiv Präsens: *Gott schütze den König! Lang lebe der König!* Im Konjunktiv Imperfekt bedeutet S* oder A* Aussage, nur V* (oder K*) Wunsch. Dann fehlen S*- und A*sätze in Bedeutung von *Wenn*sätzen der Schriftsprache meines Wissens ganz und sind mir in der Umgangssprache nur sehr selten begegnet.

Meines Erachtens ist der Bedeutungsunterschied dieser S*- und A*sätze von den V*sätzen leichter anzugeben als derjenige der einander entsprechenden selbständigen V*- und K*-sätze.

Die Formen S* und A* haben eine ganz gewaltige Analogiewirkung. Diese kann denn auch Formen mit neuer Bedeutung schaffen, die den älteren V*formen einigermaßen fremd gegenüberstehen. Dagegen muß die Analogie zwischen den viel weniger mächtigen, weil altertümlicheren Formen V* und K* auf einer innern Verwandtschaft der Bedeutungen beruhen.

S* und A* stehen dann auch nicht dem ganzen Gebiet von V* gegenüber, während das ganze Gebiet von V* dem entsprechenden Teil von K* ähnlich ist.

Selbständige Wortfragen stehen in Stellung S* oder A*, aber auch in K*: *Wer hat nur das wieder angestellt? Wer nur das wieder angestellt hat? Wo steckt er nur? Wo er nur steckt?* Aber es handelt sich hier nur um einen Teil jedes Gebietes, und die Wortfragen sind den Satzfragen in Stellung V* verwandt.

Wichtiger ist die Bedeutungsverwandtschaft zwischen unabhängigen und abhängigen Hauptsätzen einerseits, und Nebensätzen anderseits. Sie stellt gegenüber Formen ohne die Bedeutung K, nämlich S* A* V*, und eine mit der Bedeutung K, nämlich K*.

Damit ergibt sich aber kein Einteilungsgrund erster Ordnung.

Die Verbtheorie

legt genau genommen Wert nicht auf die verschiedene Stellung des Verbs, sondern auf die Stellung des Verbs in Beziehung zu den übrigen Obereinheiten; denn was heißt: 'am Anfang des Satzes stehen' anders, als daß etwas den Anfang macht, alles andre nachfolgt? usw. Aber indem das Augenmerk in erster Linie auf das Verb fällt, verwischt sich der Unterschied der Stellungsformen des ganzen Satzes, in denen V unterbricht und der Stellungsformen ohne Unterbrechung durch V, und jene sind als I jeder von diesen (= II und III) gleichgeordnet, also drei Hauptabteilungen statt zwei. Daß in I zwei Haupttypen, S* und A* enthalten sind, ist meines Erachtens durch die Inversionstheorie erwiesen (Ries), aber S* und A* zu scheiden ist auf Grund der Verbtheorie allein nicht möglich.

Jene Dreiteilung von Formen entspricht auch nicht der Bedeutung.

Die Inversionstheorie

hebt sofort eine angenommene Stellungsbeziehung zwischen S und V hervor. Das ist an sich ein Fortschritt gegenüber der Verbtheorie. Aber S steht zunächst in Beziehung zu allen A und dann die ganze Masse SAA ... in Beziehung zu V — wenn S eröffnet, so steht es in Beziehung zu V: AA ... Die Verbtheorie läßt doch noch eine Beziehung des Verbs auf anderes durchblicken, und diese Beziehung besteht tatsächlich; die Inversionstheorie aber betrachtet außer der angenommenen Beziehung zwischen S allein und V allein zunächst nichts weiter. Die Unterscheidung SV und VS führt auf folgende Verteilung der Typen:

gerade Folge	ungerade Folge
S* K*	A* V*

Diese Anordnung entspricht aber weder der Wortstellungsform des ganzen Satzes, noch seiner Melodie, noch seiner Bedeutung. A* steht viel näher bei S* als bei V*.

A* und V* zu trennen gelingt nur durch einen fremdartigen Grundsatz — daß dem V im Satz etwas vorhergeht;

um S* und K* trennen zu können, muß der ebenfalls fremdartige Grundsatz herangezogen werden, daß S in S* von V nicht getrennt sei, dagegen in K*.

Einführung eines vorhergehenden Satzteils, oder eines oder mehrerer trennenden heißt aber nicht bloß ein neues Element einführen, sondern auch eine neue Beziehung. Der zweite Grundsatz ist dann nicht immer zuverlässig — es heißt *welcher schlief*, *daß er schlief*, Nebensatz, S und V nicht getrennt; *Er aber schlief*, S und V getrennt im Hauptsatz; endlich sind auch V und S zum Teil getrennt in den Formen A* und V*: *Wie hat dir das Bild gefallen? Hat dir das Bild gefallen?* In diesen drei letzten Beispielen der 'Trennung' liegt aber kein wesentlicher Form- und Bedeutungsunterschied vor wie in S* oder A* gegen K*.

Somit verspricht die Inversionstheorie mehr als die Verbtheorie, aber diese, die vor allem ungenau ist, kommt der Wahrheit entschieden näher als jene mit ihrer Unrichtigkeit.

Beide Theorien nehmen auf die Bedeutung K keine Rücksicht, sie versagen beide, wenn der Satz kein Verb aufweist, die Inversionstheorie auch dann, wenn ihm das Subjekt abgeht.

Anmerkung. Armin Dittmar hat in seinen Syntaktischen Grundfragen (Wissenschaftliche Beilage zum Jahresbericht der Fürsten- und Landesschule St. Augustin zu Grimma 1911) über die Verteilung der neuhochdeutschen Wortstellungsformen und -bedeutungen eine neue Ansicht aufgestellt: Was wir Nebensatzform heißen, drücke die Erregung des Sprechenden aus, was wir Hauptsatzform heißen, rege den Hörenden an.

Ich muß diese Ansicht, ebenso ihre Begründung durch Dittmar aus schwerwiegenden Gründen, die ich hier nicht darlegen kann, vollständig ablehnen.

1. Ist das heutige neuhochdeutsche Satzgefüge grammatisch éin Satz oder eine Mehrheit von Sätzen?

Vorbemerkung über Gebilde, welche *sagte er* usw. mit etwaiger Fortsetzung, z. B. *und lachte* als Nachsatz oder Zwischensatz[1]) enthalten.

1. Die ganze Äußerung läuft ab, dann folgt *sagte er*..., z. B. *Komm, wir haben Eile, sagte er.*

2. Ein Teil der Äußerung läuft ab, dann folgt *sagte er*..., dann das Übrige der Äußerung.

---

[1]) Kieckers IF. 30, 145 ff. 32, 7 ff.

2a. *sagte er* ... zerschneidet keinen Satz: *Komm mit, sagte er zu dem Knaben und faßte ihn bei der Hand, wir haben Eile.*

2b. *sagte er* ... zerschneidet einen Satz: *Deine Mutter, sagte er zu mir, wird sich sehr freuen dich gesund wiederzusehen. Sie hat große Sehnsucht nach dir.*

In dieser verschiedenen Stellung zeigt sich ein Widerstreit zwischen rhythmischen Gesetzen und Gesetzen der Gliederung nach grammatischer Zusammengehörigkeit.

Die Einheit *Ganze Äußerung — sagte er* ... ist ein gewöhnliches Satzgefüge.

Die Stellung: *Teil der Äußerung — sagte er* ... — *Rest der Äußerung* ist so aufzufassen: Vorläufiger Vertreter der ganzen Äußerung mit deren Funktion als eröffnende Obereinheit; dann *sagte er* ..., Rest der Äußerung dem Satzgefüge nachschleppend.

Satzgefüge mit nur einem Satz als eröffnender Obereinheit.

Hier behandle ich nur den einfachsten Fall:
éin Satz als eröffnende Obereinheit = Vordersatz,
éin ihm folgendes Satzstück = Nachsatz.

Braune nimmt S. 37f. an, daß sowohl der Vordersatz wie der Nachsatz ein (vollständiger) Satz sei und läßt den Nachsatz mit V beginnen. s und a kommen als proklitisch für Braune nicht in Betracht.

Form des Vordersatzes. Satzartige Gebilde nur in der gewählteren Umgangssprache und Schriftsprache, Nebensätze in Umgangs- und Schriftsprache. Hauptsätze vor *sagte er* ...; V*-sätze mit Bedeutung eines *Wennsatzes. Haben Sie Lust, so gehen wir eine Weile zusammen*; Sätze mit *kaum, eben* usw.: *Eben war ich ins Haus getreten, da brach der Platzregen los.*

Haupsätze als Vordersätze kennt die Umgangssprache auch in vielen andern Fällen[1]), am auffälligsten sind solche Satzgefüge ohne s oder a: *Bloß dem Elis sind wir noch schuldig fällt mir grad ein. Jetzt kommen die Ferien werden Sie froh sein.* — Weniger auffallend mit s, oder a, zum Teil auch in der Schriftsprache: + *Ich habe dich nicht retten können, so sollst du gerächt werden* Goethe, Elpenor.

[1]) Ries S. 149ff. Q. F. 41, 23ff. ZfdA. 40, 272ff. (Altgermanisches.)

Verteilung der Anfänge Ss und Aa, gegenüber S und A in Sätzen und Satzgefügen der Schrift- und der Umgangssprache.

Die ständigen a — *so, dann* usw. — sind an Zahl und Bedeutung begrenzt, sie reichen daher nicht für alle A aus, z. B. in der Schriftsprache nicht für Gebilde wie *ohne mit der Wimper zu zucken. so* vor *sagte er* usw., den Wortlaut der Äußerung bezeichnend, ist in der Schriftsprache ziemlich selten, in der Umgangssprache meines Wissens ungebräuchlich.

s oder a ist nötig, wenn der persönliche Relativsatz eine andere Funktion hat als sein Relativ: *Wen ich frage, der gibt mir ausweichende Antworten. Wer seine Schuld eingesteht, dem muß man verzeihen.*

Von diesen Besonderheiten abgesehen steht in der Schriftsprache:

1. Ss oder Aa selten, wenn S oder A niedre Reihe, niedre Gruppe oder Wort ist, nur in gehobener Darstellung, mit Verwendung der Formen von *er: Die Treue, sie ist kein leerer Wahn.*

2. Ungefähr gleichwertig sind Ss, Aa und S, A, wenn S oder A Nebensatz ist.

3. Wenn ein Hauptsatz eröffnet, so ist die Satzung von s oder a notwendig oder erwünscht, erwünscht namentlich nach kondizionalen V*sätzen: *Hätte er achtgegeben, so wäre er nicht gestürzt; so* erleichtert das Erkennen der syntaktischen Form, ohne a könnte der Form nach eine Reihe, kein Satzgefüge vorliegen.

Sonst gilt das Gesetz: Je umfänglicher, je verwickelter die eröffnende Obereinheit, desto mehr ist Aufnahme von S durch s, von A durch a für das Verständnis erwünscht.

Die Umgangssprache gebraucht grundsätzlich sowohl Ss als S, sowohl Aa als A in allen drei Fällen: 1. *Karl, der ist fortgegangen.* 3. *Jetzt kommen die Ferien werden Sie froh sein.*

Man könnte denken: Sätze und Satzgefüge der Form SV... oder AV... liefen glatt ab, solche der Form SsV..., AaV... ließen eine Hemmung des Sprechenden erkennen. (Hemmungen sind am Satzbeginn besonders häufig und die Formen Ss Aa sind auf den Satzanfang beschränkt.)

Aber es gibt Sätze und Satzgefüge der Formen SsV... und AaV..., die glatt ablaufen und solche der Formen SV... und AV... mit Hemmung nach S oder A.

Anfänglich mögen die Formen SsV... und AaV... eine Hemmung nach S oder A mit nochmaligem Anfang in s oder a bedeutet haben; dann aber wurde der Satzanfang mit Ss, Aa so oft gehört und dem Gehörten nachgebildet, daß er als Ganzes eingeübt wird. Umgangs- und Schriftsprache haben auch in den gewöhnlichen Fällen einen bestimmten Wortgebrauch für s und a entwickelt; das ist besonders wichtig, wenn S und A Personeninhalt haben, hier gäbe es ja z. B. neben dem *der* der Umgangssprache noch *er, dieser, jener.*

s könnte auch in vielen Fällen in seiner gewöhnlichen Bedeutung ohne S nicht verwendet werden: *Wer das sagt, der lügt.*

Ss und Aa sind also einheitliche Formen, und zwar nur der eröffnenden Obereinheit.

Dafür sprechen auch abgerissene Anfänge wie *Wenn du das nochmal tust, dann* —! Nach Wunschsätzen in Stellung K* — *Wenn ich nur schon zu Hause wäre!* — steht kein solches *dann*, denn im zweiten Beispiel fehlt die Beziehung auf Folgendes.

Anmerkung. Rhythmische Einschnitte und Einschübe finden sich vor jeder unmittelbaren Wiederholung, nicht bloß vor s und a, sind also kein Gegenbeweis. *Ein Verräter, ein Verräter ist des Todes schuldig! Ein Verräter, und das bist du, ein Verräter ist des Todes schuldig!* Einschnitt und Einschub stehen hier vor dem zweiten *ein Verräter* wie vor einem wiederholenden *der*. Der Einschnitt kommt daher, weil jeder Neubeginn eine Stockung hervorruft, und die Form Ss, Aa ist eine Erstarrung eines solchen Neubeginns, an die (letzte) Wiederholung schließt sich das Folgende rhythmisch leichter an, namentlich an das rhythmisch meistens leichte s oder a. Und Einschübe werden besonders gern an Einschnittsstellen gemacht.

Wörter wie *auch, selbst, nur* werden auch vor jeder andern Wiederholung nochmals gesetzt, z. B. *Nur wer in der Fremde war, nur der kann die Heimat so recht schätzen lernen,* aber auch: *Nur du, nur du sollst es erfahren.*

Dem Formunterschied Ss, Aa hier, S und A dort, entspricht ein Bedeutungsunterschied. In der Umgangssprache ist der Anfang mit Ss oder Aa wahrscheinlich mehr erörternd, der Anfang mit S oder A mehr feststellend. Vgl. S. 39. Die Wahl zwischen beiden Formen ist auch rhythmisch und melodisch bedingt.

Wir stehen hier der Regelung des Formengebrauchs durch die Schriftsprache schon ziemlich nahe (Erörterung z. B. in Ss, Aa mit *er*, *ihn* als s, a). Hier ist die Regelung schon mehr bewußt und erfolgt vor allem auch nach Gründen der Deutlichkeit einerseits, der Sparsamkeit anderseits; nur nach Nebensätzen herrscht 'Freiheit'. Nach sehr umfänglichen S oder A können auch umfänglichere s oder a stehen.

Man darf nicht glauben, daß in SsVA ... der Inhalt s allein, in AaVSA ... der Inhalt a allein den Nachsatz eröffne. Dazu ist die Verbindung Ss, Aa schon viel zu sehr eingeübt, viel zu einheitlich. Man vergleiche

1. *Daß er so schnell abgereist ist, das kam mir sehr unerwartet.* 2. *Daß er so schnell abgereist ist! — Das kam mir sehr unerwartet.*

1. *Wenn ich die Sache einmal mit dir besprechen könnte, dann würde ich in manchem Punkte Klarheit gewinnen..* 2. *Wenn ich nur einmal die Sache mit dir besprechen könnte! — Dann würde ich in manchem Punkte Klarheit gewinnen.*

In 2. eröffnet tatsächlich die Obereinheit allein, deren Inhalt in 1. nur das s in Ss oder das a in Aa ist und daher in 1 nicht allein eröffnet. In 2. haben wir vor diesem Inhalt deutlichen Satzschluß.

Es sind folgende zwei Fragen zu beantworten:

1. Ist das Satzgefüge, verglichen mit dem Satz, eine Einheit oder eine Zweiheit?

2. Sind Vordersatz und Nachsatz, verglichen mit den entsprechenden Gebilden im Satze, unselbständig oder selbständig?

Beide Fragen sind zu beantworten für die Formen Ss ... und Aa ... einerseits, S ... und A ... anderseits, und zwar im Sinne der Form wie der Funktion.

Ist das Satzgefüge verglichen mit dem Satz der Form nach eine Einheit oder eine Zweiheit?

Satzmelodie und rhythmischer Einschnitt nach dem Vordersatz geben in dieser Frage keinen unmittelbaren Aufschluß. Die Satzmelodie steigt nicht bloß im Vordersatz, sondern auch in jedem vorderen Glied einer schon anfänglich einheitlichen höheren Reihe. Über den rhythmischen Einschnitt vgl.

Saran Deutsche Verslehre S. 81 f. Nur zeigt sich nie ein vollständiger Abschluß des Vordersatzes in seiner Melodie und dem ihm folgenden Einschnitt; dagegen kann ein in dieser Hinsicht und auch inhaltlich vollständig abgeschlossener Satz nachträglich zu einer höheren Reihe erweitert werden: *Ich gehe jetzt. — Aber du bleibst da.* — Also wenigstens ein negativer Beweis für die Einheitlichkeit des Satzgefüges.

Anmerkung. Vollständiger Satzschluß kann wohl stehen in Äußerungen vor *sagte er*, z. B. *Ich komme. — sagte er*; aber dieser Satzschluß gehört der Äußerung als einem Wortlaut an, und hat nichts mit ihrer syntaktischen Beziehung im Satzgefüge zu tun.

Wortstellungsform. Vergleichen wir 1a. *Wer hier anwesend ist, ist zur Spazierfahrt eingeladen — Alle Anwesenden sind zur Spazierfahrt eingeladen.* 1b. *Wer hier anwesend ist, der ist zur Spazierfahrt eingeladen — Karl, der ist zur Spazierfahrt eingeladen.* 2a. *Wenn es Abend wird, fühle ich mich immer etwas erleichtert — Am Abend fühle ich mich immer etwas erleichtert*; 2b. *Wenn es Abend wird, da fühle ich mich immer etwas erleichtert — Am Abend, da fühle ich mich immer etwas erleichtert.* Die Wortstellungsform der ganzen Einheit ist in 1a beidemale SVAA, in 1b beidemale SsVAA; in 2a beidemale AVSAAAA, in 2b beidemale AaVSAAAA; also kein Unterschied zwischen Satzgefüge und Satz in der ganzen Wortstellungsform, und diese hat den Ausschlag zu geben, nicht die abweichende Form einer Obereinheit.

Über die Frage, ob mit dem V des Nachsatzes ein Satz beginnt, vgl. S. 20.

Einheitlichkeit des Satzgefüges in der Funktion.

Wir müssen die engere syntaktische Einheit betrachten, der der Satz im Satzgefüge angehört. Für Ss und Aa gilt das Gesetz: Ein Satzteil kann nicht ohne seine syntaktische Beziehung wiederholt werden.

In den Satzgefügen, die wir aus der Schriftsprache kennen, und den ihnen entsprechenden der Umgangssprache, finden wir den Vordersatz wohl in keiner syntaktischen Beziehung, in der wir nicht auch eine niedere Reihe oder Gruppe oder ein Wort antreffen, jedenfalls immer in einer Beziehung, die ihn zu einem Satzteil macht.

Syntaktische Beziehung von Subjekt zu Prädikat: *Wer Mut hat, folge mir! Jeder Tapfere folge mir!*

Von Objekt zu Verb: *Daß er derartig aufbrausen könnte, das hätte ich nicht für möglich gehalten. Derartiges hätte ich nicht für möglich gehalten. Ich kann nicht mehr, sagte er. Das hat er gesagt?*

Können wir uns zwei Inhalte, die in solchen Beziehungen zu einander stehen, auf zwei Sätze verteilt denken?

Wohl in den allermeisten Fällen finden wir aber den Vordersatz in syntaktischer Beziehung zum ganzen übrigen Satzinhalt[1]), z. B. als Zeitbestimmung: *Als es zwölf schlug, war ich erst auf der Brücke* vgl. *Um zwölf Uhr war ich erst auf der Brücke.* Bestimmung der Bedingung: *Wenn das Wetter gut ist, darfst du das Haus verlassen*, vgl. *Bei gutem Wetter darfst du das Haus verlassen.*

Hier, bei diesen häufigen Fällen, scheint nun tatsächlich die Gliederung vorzuliegen: vollständiger übergeordneter Satz — (entbehrlicher) untergeordneter Satz. Aber wer in solchen Satzgefügen eine Zweiheit sieht, muß auch in den entsprechenden Sätzen eine ähnliche Zweiheit erblicken, vgl. Paul Prinzipien⁴ S. 296 f.

In allen diesen Einheiten — die Bezeichnung Satz zunächst beiseite gelassen — gilt der Inhalt, der ohne jene Bestimmung auch für sich allein bestehen könnte, gar nicht schlechthin, sondern nur im Zusammenhang mit jener Bestimmung, diese sagt aus, daß er nur unter gewissen Umständen oder ihnen zum Trotz gilt; als solche treten namentlich hervor Umstände des Ortes, der Zeit, der Ursächlichkeit mit manchen Abstufungen. Eine derartige Einschränkung der Bedeutung durch syntaktische Bestimmung sehen wir auch sonst, z. B. bei transitiven Verben, vgl. *Er schrieb — Er schrieb seinen Namen — Er schrieb einen Brief.* Für den Redenden oder Schreibenden sind daher solche Bestimmungen im gegebenen Falle niemals entbehrlich, selbst nicht in Fällen wie: *Eben ist der König durchgefahren.* Ohne weiteres wird das klar in folgenden Beispielen: *Nach dem Examen fiel mir die richtige Antwort ein.* Vgl. *Als das Examen vorüber war, fiel mir die richtige Antwort ein. Wenn du ein anständiges Zeugnis bringst, dann darfst du mit mir an die See, sonst bleibst du zu Hause.*

[1]) Diese Angabe nach Paul.

Übriger Satzinhalt und Bestimmung bilden also zusammen eine neue Gesamtbedeutung, eine neue Gesamtaussage, und ich weiß nicht, was uns hindern sollte auch derartige Gebilde in die Bezeichnung Satz einzuschließen, z. B. *Gestern regnete es*; dann sind aber auch die entsprechenden Satzgefüge einheitliche Sätze, nicht eine Zweiheit von Sätzen. Und alles, was im Satze enthalten ist, steht auch, was syntaktische Beziehung betrifft, im Satze, also auch derartige Vordersätze.

Zu den Bestimmungen, welche dem ganzen übrigen Satzinhalt gegenübertreten, gehört auch die Satznegation, deren Zugehörigkeit zum Satze nicht bezweifelt wird.

Die Einheit solcher Satzgefüge wird noch deutlicher durch einen Vergleich mit wesentlich andern Gebilden:

Satzgefüge: *Als der furchtbare Platzregen losbrach, war ich gerade in meine Wohnung zurückgekehrt.* Höhere Gruppe: *Ich war gerade in meine Wohnung zurückgekehrt, als plötzlich ein furchtbarer Platzregen losbrach.* Ein Versuch in dem zweiten Beispiel, den *Als*satz als Zeitbestimmung zu fassen wie den andern im ersten Beispiel, mißlingt, ebenso ist eine Stellung unmöglich: *Als plötzlich ein furchtbarer Platzregen losbrach, war ich gerade in meine Wohnung zurückgekehrt.* Im zweiten Beispiel werden die zwei Inhalte nur zeitlich zusammengestellt, nicht so eng aufeinanderbezogen als im ersten, sie sind wirklich zwei Sätze in syntaktischer Beziehung aufeinander.

Dann vgl. Satzgefüge: *Was mich am meisten wunderte, war seine unerschütterliche Ruhe.* Höhere Gruppe: ... *und, was mich am meisten wunderte, er blieb ganz ruhig.* Diese höhere Gruppe ist wirklich eine Doppelheit von Sätzen.

Die syntaktischen Beziehungen in Sätzen umfassen also ebensogut niedere Reihen, niedere Gruppen oder Wörter, wie Sätze (und noch umfänglichere Einheiten). Die Form der Obereinheit — kein Satz, oder Satz — macht also auch hier keinen wesentlichen Unterschied.

Unselbständigkeit des Vordersatzes in der Form.

1. Abweichungen vom selbständigen Hauptsatz nach dem Bestand:

Der Vordersatz hat mehr Inhalt: unterordnende Konjunktion: *Wenn es so ist, dann bekommt die Sache gleich ein anderes Gesicht. Es ist so.* Dann vgl. *Bist du auch schwergekränkt, so mußt du ihm doch verzeihen.* Umgangssprache: *Ich brauche ihn nur anrufen kommt er sofort. — Kaum waren wir zu Hause, da brach das Gewitter los.*

Er hat weniger Inhalt: Satzähnliche Gebilde ersparen gewöhnlich das 'Subjekt' aus dem Zusammenhang: *Um sein Ziel zu erreichen, mußte er alle seine Kräfte anspannen.*

2. Formabweichungen in der Art:

Einleitung des Nebensatzes durch Relativ- oder abhängiges Fragepronomen (das Demonstrativpronomen und das unabhängige Fragepronomen haben je eine Bedeutung außer S, A, die aber im Sinne der Wortstellung S oder A nicht verändert wie die Bedeutung ^{K}!).

Nebensatzstellung, d. h. . . . SAA . . . V; Personen-, Modus-, Tempusverschiebung in Haupt- und Nebensätzen. Vgl. *Er sei krank gewesen, sagt er*: *Ich war krank.*

Nominalformen des Verbs in satzähnlichen Gebilden, namentlich der Infinitiv: *Um sein Ziel zu erreichen mußte er alle Kräfte anspannen.*

Über Melodie und rhythmischen Einschnitt vgl. S. 13 und 15 Anmerkung.

Ein Satz im Satzgefüge, der etwa keines dieser Kennzeichen hat, hat als Wortlaut zu gelten, etwa *Ja. — sagte er* mit Melodie und Pause des Satzschlusses nach *Ja.*

Die meisten dieser Kennzeichen kommen auch in sogenannten erstarrten Nebensätzen vor: *Daß er so etwas hat tun können*! Vgl. *So etwas zu tun*! Hier muß also die Funktion die Entscheidung geben.

Die Unselbständigkeit des Vordersatzes in der Funktion.

Die syntaktische Einheit, in welcher der Vordersatz steht, bedingt die Satzeinheit des Satzgefüges und damit die Unselbständigkeit des Vordersatzes im Sinne der Funktion.

Der Obereinheit des fragenden Pronomens oder Pronominaladverbs können in der Antwort Wörter, niedere Gruppen und Reihen, Sätze verschiedener Form und umfänglichere Einheiten, auch Wortlaute entsprechen, mit derselben Funktion: *Was hat er gesagt? Nichts. Nichts Besonderes. Irrtümliches und*

Richtiges. Daß er heute nicht kommen kann. Sie möchten heute zu ihm kommen, er freue sich sehr darauf.

Eine Gruppe, ein Wort kann den Inhalt eines Satzes usw. aufnehmen, auch mit derselben Funktion: *Er will nicht mittun (er hat keinen Gefallen an der Sache) hat er gesagt. Dás hat er gesagt?* s und a wiederholen auch Sätze und umfänglichere Einheiten.

Es gibt niedere Reihen auch als eröffnende Obereinheiten, an deren Aufbau sich niedere Gruppen oder Wörter und Sätze, namentlich Nebensätze, als gleichwertige Glieder beteiligen.

Ich lasse dabei Gebilde weg wie das folgende: (Sarastro und Pamina:) + (*Mit vollem Recht als Onkel und Vormund nahm er daher die Kleine zu sich* . . .) *Deshalb und weil Sarastro vor der Siegelung des Nachlasses den berühmten Sonnenkreis als Familieninventarium vindizierte, kommt der wütende Haß der Königin der Nacht.* Hoffmann.

Deshalb hat hier nämlich die Bedeutung eines (ganzen) vorausgehenden Satzes.

Gruppe und Nebensatz als S: + *Treibjagden im tiefsten Schnee, und was man sonst nur Unbequemes auffinden konnte, wurde veranstaltet.* Goethe. als A: + *Durch seine Gegenwart, und daß im Heiligtum das böse Übel ihn ergriff, sind wir verunreint.* Goethe Iphigenie auf Tauris 1. Fassung, letzte geändert.

Insofern die ganze Reihe als Einheit ihre eine Funktion hat[1]), sind diese Gebilde einheitliche Sätze; insoferne jedes ihrer Glieder die Funktion der Reihe und jedes die gleiche Funktion hat, zeigt sich gerade hier, daß die Funktion der niederen Gruppe oder des Wortes und des Satzes nicht verschieden sind, beides beweist die Unselbständigkeit des Vordersatzes und damit die Einheit des Satzgefüges in den entsprechenden Fällen.

Jede andre Annahme zerreißt irgend eine der hier vorliegenden syntaktischen Einheiten.

Anmerkung. Wir sagen *offene und Faßweine, Mosel- und andere Weine*; Verbindung von Worteinheit *Faßweine, Moselweine* und Wortzweiheit *offene Weine, andere Weine*; sollte nicht auch eine Verbindung von Satzeinheit und Satzmehrheit möglich sein? *Treibjagden . . . wurden veranstaltet — was man . . . nur Unbequemes auffinden konnte, wurde veranstaltet.* Ja, hier haben wir eine syntaktische und eine Wortbildungseinheit vereinigt.

---

[1]) Vgl. *Hans und Karl, die sind noch nicht zu Hause*: Aufnahme der ganzen Reihe *Hans und Karl* = S durch éin s: *die*.

Wesentlich ist aber in diesen Verbindungen, daß beidemale Beziehungen von Inhalten (*Weine* : *offene*, *Weine-* : *Faß-* usw.) vorliegen und zwar in der Art ähnliche, vgl. *Wo und wann treffen wir uns? Wer weiß, ob und wann wir uns wiedersehen.* Daß Wortbildungs- und syntaktische Einheiten vorliegen, macht nur einen verschiedenen Engegrad der Beziehungen aus. Die Beziehung des Satzes im Satzgefüge, der niederen Gruppe usw. im Satz sind der Art nach wie nach dem Engegrad gleich; die Beziehung zweier Sätze in einer höheren Gruppe oder Reihe sind davon nach Art und Engegrad wesentlich verschieden. Demnach zeigt sich eine Verwandtschaft eines Gebietes der Wortbildungslehre mit einem Gebiete der Syntax; aber das ganze System der Wortbildungslehre und Syntax läßt sich ohnehin nicht so ohne weiteres reinlich scheiden.

Sätze mit eröffnenden Reihen, bestehend aus Satz und niederer Gruppe, Reihe, Wort, sind selten, in den Wahlverwandtschaften fand ich das eine Beispiel gegen 5321 Sätze und Satzgefüge.

Nach alledem hat der Vordersatz nur die Funktion einer eröffnenden Obereinheit.

Unselbständigkeit des Nachsatzes in der Form.

Nach S oder Ss hat der Nachsatz die Form V(AA . . .), nach A oder Aa die Form VS(AA . . .). — V(AA . . .): *Wer nicht hören will, muß fühlen* nach S oder Ss ist von vorneherein keine Satzform, es fehlt das Subjekt.

Mit dem V des gewöhnlichen Nachsatzes im behauptenden Satzgefüge, der die Form VSA . . . hat, beginnt kein Satz. Vergleichen wir Gebilde, wo auf die eröffnende Obereinheit, zum Teil Vordersatz, ein Frage- oder anderer Satz in Stellung V* folgt: *Wer gebieten will, darf der ein schlechtes Beispiel geben?* Vgl. *Dein Bruder, kann der schon schwimmen? — Wenn ich fern von hier bin, wirst du dann meiner gedenken? Morgen abend, sehen wir uns da wieder? — China — hätte man das je erwartet! — ist Republik geworden.* Hier bildet V tatsächlich den neuen Satzanfang, denn das s oder a, das den anfänglich eröffnenden Satz aufnimmt, muß nach V folgen. Es ist ebenso, wenn ein neues S oder A eröffnet: *Wenn ich fern von hier bin, wer wird sich dann meiner noch erinnern? Wenn du zur Rechenschaft gezogen wirst, was willst du dann antworten?* Vgl. *An den langen Winterabenden, was soll ich da tun?* — Dagegen steht im gewöhnlichen Satzgefüge s oder a vor dem V des Nachsatzes.

Dem Nachsatz geht also, um vollständiger Satz zu sein, der Inhalt der eröffnenden Obereinheit ab.

Vollständige V*sätze hätten auch als Nachsätze eine andre Melodie.

Wäre der Nachsatz ein vollständiger Satz, dann wäre zweierlei möglich:

1. Erhaltung der alten V*form des erzählenden Satzes in unserm gewöhnlichen Nachsatz.

Dann hätten wir im Nachsatz

nach S oder Ss, z. B. *Wer nicht hören will, muß fühlen*, das uralte Verb das auch den Subjektinhalt in sich schließt, das sich sonst nur im Imperativ erhalten hat;

nach A oder Aa die Form VS ..., — ohne irgend einen Bedeutungsunterschied dieser sehr verschiedenen Nachsatzformen. Erzählende V*sätze als Nachsätze kommen in der Umgangssprache aber sehr selten vor, auch hier steht wieder a nach V, weil eben V tatsächlich eröffnet: *und wie ich da aus der Haustür trete, kómmt da plötzlich ein Hérr auf mich zu* ...; im gewöhnlichen Nachsatz ist V nicht betont.

Die Bedeutung der heutigen gewöhnlichen Nachsätze paßt auch zu keinem, auch nicht zu diesem V*satz, der das Geschehen im Verbinhalt stark hervorhebt. —

2. Eher aber hätte die Analogie der selbständigen Behauptungssätze auf den Nachsatz gewirkt, wir würden sagen: *Als ich das Haus verließ, es war schönes Wetter*; *Als ich läutete, mir wurde nicht geöffnet*, d. h. nochmalige Eröffnung mit einem neuen S oder A, die uns tatsächlich geläufige Form wäre sehr in den Hintergrund gedrängt, die andre würde sich auf ihre Kosten immer mehr ausbreiten. Nun aber hat sich die uns geläufige Form zu Ungunsten der eben genannten ausgebreitet, und diese hält sich nur noch in Resten. Die Umgangssprache verhält sich hier ganz entsprechend; sie hat sogar Satzgefüge mit eröffnendem Hauptsatz, welche die Schriftsprache nicht kennt, wo sie also von ihr entschieden unabhängig ist — und auch hier die Form Vordersatz-VAA ..., Vordersatz-VSAA ..., also die Form des gewöhnlichen Satzgefüges.

Im Satzgefüge ist im Laufe der Zeit die Möglichkeit gesteigert worden, auch in umfänglichen Inhalten einheitliche Satzform durchzuführen. (Jede mehrmalige Eröffnung stört die Einheitlichkeit der Satzform.) Das heißt: in unsern Satzgefügen haben die einheitlichen immer mehr die Oberhand gewonnen.

Die Dichtersprache ist auch hier wieder altertümlich: *Wenn ihr's nicht fühlt, ihr werdet's nicht erjagen.*

Anmerkung. Ganz natürlich ist es, wenn höhere Gruppen, die ja wirklich eine Doppelheit darstellen, Formen aufweisen wie die folgende: . . . *und, was mich am meisten wunderte, er blieb ganz ruhig,* wo also auf den ersten Satz ein vollständiger zweiter, nicht ein unvollständiger folgt.

Wir bilden endlich Satzgefüge, in denen unsere bisherigen Vorder- und Nachsätze umgestellt erscheinen. Der gewöhnliche Nachsatz wäre in seiner Nachsatzform vorangestellt unerträglich, eben weil er unvollständig ist. Es heißt *Er sagte zu mir*: *Das hätte ich nicht gedacht (sagte er zu mir). Gern hätte ich ihn geschont, wenn er sich gemäßigt hätte (hätte ich ihn gern geschont).* Der bisherige gewöhnliche Nachsatz muß also eine vollständige Anfangsform erhalten, wenn er das Satzgefüge beginnen soll. Alle V*sätze dagegen, auch die erzählenden V*sätze der Umgangssprache, erleiden durch diese Umstellung keine solche Veränderung, weil sie vollständig sind: *Darf der ein schlechtes Beispiel geben, der gebieten will? Wirst du (dann) meiner gedenken, wenn ich fern von dir bin?* (*dann* nicht notwendig, weil die Obereinheit nachfolgt). *Kómmt da neulich ein Hérr auf mich zu, wie ich grad in der L.straße gehe und . . .*

Unselbständigkeit des Nachsatzes in der Funktion.

Dem Nachsatz der gewöhnlichen Satzgefüge fehlt jedesmal ein Satzteil, z. B. das Subjekt, das Akkusativobjekt, diese an sich unentbehrlich, oder eine jener S. 16 genannten Umstandsbestimmungen, die im gegebenen Falle unentbehrlich sind. Wenn ihm eine solche abgeht, so bekommt er eine ganz andere Bedeutung; er würde schlechthin gelten.

Alles eben Gesagte gilt von dem Satzstück das auf die eröffnende Obereinheit folgt, welche niedere Reihe, Gruppe oder Wort ist.

In der Einheit des Satzes ist der Vordersatz nur eine Teileinheit, eine Obereinheit, ein Satzteil, der Nachsatz nur das, was nach Abzug der ersten Obereinheit in einem Satz übrig bleibt, — ein Satzstück, nicht ein Satz. Der Vordersatz ist ein Satz, aber nur für sich.

Im Sinne der Wortstellung ist das gewöhnliche aus Vorder- und Nachsatz bestehende Satzgefüge éin

Satz, die Vordersatzeinheit seine eröffnende Obereinheit, die Obereinheiten im Nachsatz sind die übrigen Obereinheiten des ganzen Satzes = Satzgefüges, und als solche der Obereinheit des Vordersatzes gleichwertig. Paul Prinzipien[4] S. 296f.

Als ich über die Brücke ging,$_1$ — *brach*$_2$ — *plötzlich*$_3$ — *ein furchtbarer*$_4$ *Platzregen* — *los.*$_5$

Die Stellung: Vordersatz; Verbum (etwa Subjekt), dann andere Satzteile des Nachsatzes ist also so aufzufassen:

Obereinheiten des ganzen Satzes = Satzgefüges:

<table>
<tr><td rowspan="4">S
A_1</td><td rowspan="4">} in Satzform, eröffnend</td><td>SVAA...</td></tr>
<tr><td>SsVAA...</td></tr>
<tr><td>AVSAA...</td></tr>
<tr><td>AaVSAA...</td></tr>
</table>

Satzgefüge mit anderer Stellung der Obereinheit mit Satzinhalt.

Die häufigsten Stellungen des Satzes im Satzgefüge sind die Anfangsstellung und die Stellung nach allen übrigen Obereinheiten, also als Nachtrag. Z. B. *Ich habe gehört, daß er schon abgereist ist;* vgl. *Ich habe es gehört.* Hier scheint die Form vorzuliegen Satz: Satz; die Stellung des Satzes ganz am Schluß, wo Satzteile seiner Funktion sonst nicht stehen, ist jedoch durch die rhythmische, nicht durch die syntaktische Gliederung bedingt. Die Stellung des Satzes vor dem Partizip würde eine rhythmisch schwere Masse vor ein leichteres rhythmisches Glied stellen, unsere Stellung ordnet die schwere Masse nach den übrigen leichtern. Eine längere rhythmische Stelle kann dagegen auf einen Satz folgen, z. B. *Ich hatte, als ich abreisen wollte, leider keine Gelegenheit mehr ihn zu besuchen,* vor allem der ganze übrige Satzinhalt auf den Vordersatz.

Erwähnung verdient noch die ungenaue Andeutung des offenbar schon bekannten Inhaltes an einer 'beliebigen' Stelle des Satzes mit Wiederholung durch genauere Angabe des Inhalts nach dem Satzschluß: *Wann will er wieder kommen, dein Freund? Das kann ich gar nicht leiden, das Gesinge.* Mit Sätzen: *Mir hats gefallen, daß er so bescheiden war. Das habe ich nicht finden können, daß er kränklich aussieht.* Hier ist größere Freiheit der Wortwahl für das 'vorangehende s oder a'; denn 's' oder 'a' stehen hier selbständig da. In Ss und Aa sind s und a offenbar nicht selbständig. Also auch hier erkennen wir die enge Zusammengehörigkeit von S und s in Ss, von A und a in Aa. — s und a können hier vielleicht auch schon 'Vorläufer' von S und A sein. — Die Wiederholung bedingt auch hier den rhythmischen Einschnitt vor S und A, und auch hier steht die Wiederholung in derselben syntaktischen Beziehung wie das Vorausgegangene, das wiederholt wird. — Eine Appositionsgruppe liegt hier nicht vor.

Auch hier ist der 'untergeordnete' Satz Obereinheit, der 'übergeordnete Satz' ein Satzstück, das Satzgefüge die Satzeinheit, nach Form wie nach Funktion.

Der 'untergeordnete' Satz steht selten in dem Innern des Satzgefüges: *Ich möchte wenn ich älter bin auf einen recht großen Berg steigen.* Hier handelt es sich um zwei Satzstücke, welche 'zusammen' den 'übergeordneten' 'Satz' ergeben, dessen angenommene Einheit ist also hier am leichtesten zu widerlegen; sonst gilt auch hier die Einheit des Satzgefüges und die Unselbständigkeit des untergeordneten und des übergeordneten 'Satzes' in Form und Funktion, in dieser Einheit ist die Stellung des untergeordneten Satzes unter den anderen Obereinheiten am besten zu verstehen.

Einheitlich ist auch das Satzgefüge, das mehrere Sätze enthält. In allen diesen Fällen ist der sogenannte übergeordnete Satz kein vollständiger Satz, sondern nur ein Satzstück oder zerfällt in mehrere Satzstücke. Vgl. *Was mir an ihm am besten gefallen hat, ist, daß er so bescheiden war*; sog. übergeordneter Satz: *ist*, ein ganz bedeutungsarmes Wort!

Im Sinne der Syntax, soweit sie nicht Wortstellungslehre ist, ist manche Obereinheit Bestandteil einer Gruppe, so z. B. auch der Satz, der Akkusativobjekt ist: *Kommen Sie, rief er.* Nach der übrigen Syntax ist der Satz *Kommen Sie* Bestandteil der Gruppe *rief*: *Kommen Sie*, in diesem Sinne liegt also hier kein Satzgefüge vor, wohl aber im Sinne der Wortstellung.

Es gibt aber Fälle, wo auch für die Wortstellungslehre der Satz Bestandteil einer Gruppe ist.

1. als Bestimmung (das Gewöhnliche) z. B. *Kennen Sie den alten Herrn, der gerade vorübergegangen ist? Der Glaube, daß der Mensch nach dem Tode fortlebt, ist uralt.*

2. als Kern (selten) + *Nur was den Menschen aufhebt, der Tod und jeder Raub des Bewußtseins, kann die innere Freiheit aufheben.* Schiller.

Sehr selten ist sowohl Kern als Bestimmung ein Satz: *So wisset ihr denn nicht, Schadau, was im ganzen Gebiet von Fryburg und weit darüber hinaus bekannt ist, daß unsere liebe Frau von Einsiedeln ein Wunder an mir Unwürdigem getan hat?* C. F. Meyer, Sütterlin S. 394.

Es ist üblich auch in Fall 1 Haupt- und Nebensatz zu trennen — dadurch wird die Gruppe zerrissen, wie auch z. B. die Gruppe Verb-Objekt in dem erwähnten Beispiel — aber welche unnatürliche Gliederung ergibt sich in dem Schillerschen Beispiel, wenn wir auch hier abtrennen: Teilsatz = untergeordneter Satz — Alles Übrige = übergeordneter Satz? Wie sollen wir in diesem Sinne den C. F. Meyerschen Satz auffassen?

Die Vertreter der hier bekämpften Ansicht haben nicht erkannt, welche Rolle in dieser Frage Form und Funktion spielen. Der Satz im Satzgefüge, der Satz in der niederen Gruppe ist nach seiner Form, nach der Funktion seiner Bestandteile ein Satz; für seine Funktion im Satzgefüge, in der niederen Gruppe kommt das nicht in Betracht. — Was nach Abzug dieses Satzes oder dieser Sätze übrig bleibt, der sogenannte übergeordnete Satz, ist weder nach Form noch nach Funktion ein vollständiger Satz.

Anmerkung. Derartige Unterscheidungen vermisse ich namentlich bei Hermann S. 2ff.

Während das Satzgefüge grammatisch éin Satz ist, können sich psychologisch der Satz, welcher Satzteil ist und das Übrige gegenüberstehen, auch einzelne ihrer Teilinhalte oder alle; das gilt besonders dann, wenn diese Inhalte einander in Bedeutung, Funktion und Form ähnlich, zum Teil vielleicht gleich sind, und wenn eine Beziehung zwischen ihnen erkannt werden kann. Z. B. *Nehmt ihr keine Rücksicht auf mich, nehm ich keine auf euch.* Diese Entsprechung kann sich auch in der grammatischen Form zeigen — hier in dem Fehlen des a, *so*; mit *so* wäre die Entsprechung nicht so deutlich. Es können sich daran Analogiebildungen schließen, in denen die bisher nur psychologische Zweiheit grammatisch zutage tritt; diese neuen Gebilde sind aber keine Satzgefüge mehr.

2. Gibt es eine gedeckte Anfangsstellung des Verbs?

Nach Braune S. 36 ff. gilt gedeckte Anfangsstellung des Verbs in Hauptsätzen nach einem proklitischen Wort, wenn in diesen Fällen urgermanisch und urdeutsch die Anfangsstellung des Verbs allein vorkam und das heutige proklitische Wort noch nicht vorhanden war — *es* in Sätzen wie *Es scheint die Sonne hell,* subjektische Personalpronomina — oder wenn neben einer althochdeutschen Stellung *thō sprah sancta Maria* eine gleichartige *fuar thō sancta Maria* steht.

Dies eine kurze Zusammenfassung möglichst nach Braunes Worten.

Das Wesen der Theorie ist aber meines Erachtens ganz andrer Art, als es nach diesen Worten scheint.

Den Grundstein der Theorie hat Ries richtig erkannt, sie ist "auf dem Boden des Systems Miklosich[1]) entstanden, das in den syntaktischen Gebilden nur Agglomerate von Wörtern sieht". Daraus folgre ich: Braune sieht in Gebilden wie *er sprach, ich sah* Fortsetzungen von urgermanischen Einheiten, wie noch entsprechende im Gotischen als *qaþ, gasaƕ* erhalten sind. Gebilde wie *er sah, ich sprach* müßten nun demnach wohl Gruppen sein; das System Miklosich faßt aber die Syntax als Lehre von der Anwendung der Wortformen. Folglich werden diese Gruppen wie die Gruppen *dein Vater, ohne Zweifel* auf das wichtigste Wort zurückgeführt, dieses ist in den Gebilden *dein Vater, ohne Zweifel* offenbar das Substantiv, *Vater, Zweifel,* in den Gebilden *er sprach, ich sah* nach Braunes geschichtlicher Auffassung, derzufolge sie auf je ein Verb zurückgehen sollen, das Verb. Gemeinsames Merkmal des andern, im Sinne der Theorie Miklosich nebensächlichen Wortes ist in den vier Beispielen die Proklise — daher die Bezeichnung proklitisch. (Dagegen geht *ich sprach* auf urgermanisches SV, auf eine Zweiheit von Wörtern zurück, also nach der Theorie Miklosich auf eine syntaktische Zweiheit und stellt daher nach Braune eine Zweiheit dar[2]). Nichtstattfinden der Proklise ist also in diesem Sinne Kennzeichen der Zweiheit.) — Dieselbe Proklise

---

[1]) Von Ries hervorgehoben.

[2]) Nach freundlicher brieflicher Mitteilung von Herrn Geh. Hofrat Braune; entsprechend verhält es sich mit Sätzen wie *Dá wars.*

findet sich nun auch in andern Fällen, die ihrerseits auch ältere oder gleichalte Sätze mit beginnendem Verb neben sich haben: *Es scheint die Sonne hell — thō sprah sancta Maria: fuar thō sancta Maria.* Auch hier deutet die Proklise auf Nebensächlichkeit des Wortes, vgl. über dieses *es* Braune S. 36. Wir müssen also nach Braune wieder das wichtigere Wort allein ins Auge fassen[1]), also kann in allen diesen Fällen nur das Verbum als satzbeginnend in Betracht kommen, wie vorher nur *Vater* und *Zweifel, sah* und *sprach*; d. h. die Richtigkeit dieser meiner Auslegung vorausgesetzt, ist Braunes Theorie gar nicht, wie ich lange geglaubt habe, (vgl. auch Ries, z. B. S. 37 f.) auf rhythmischen Gesichtspunkten aufgebaut, sondern sie ist ein Versuch geschichtlichen Überlegungen zufolge eine Gruppe (mit Verb als Kern) als syntaktische Wortstellungseinheit einzuführen, die ganze Auffassung der verschiedenen Fälle und die Fassung des Wortlauts wurden dabei vom System Miklosich wesentlich beeinflußt.

Ries lehnt S. 35 ff. die Braunesche gedeckte Anfangsstellung nach dem proklitischen Subjekt ab, erkennt sie aber S. 44 an für das Verb, wenn es nach andern proklitischen Wörtern steht.

Nach Kieckers liegt gedeckte Anfangsstellung des Verbs vor, wenn eine Einheit notwendigerweise unmittelbar vor dem Verb an der Spitze des Satzes, auch des Nachsatzes, steht. Das ist der Fall nach ἐνταῦθα, altengl. altnord. *þā*, deutsch *da* usw., *so* vor *sagte er* . . . u. ä. = a, im Gegensatz zu Braune nur im Nach- oder Zwischensatz (nach Braune auch im selbständigen Satz), vgl. Kieckers S. 126 Anm. 1, S. 151 f. IF. 30, 148, 175 f., 185. 32, 20 f., bei οὐκέτι, wenn es den ganzen Nachsatz verneint, S. 126 Anm. 2, vgl. S. 116 § 71 über μὴ ἔστω βέβαιος und μὴ ἐπάναγκες, S. 142 über κραυγὴ ἐγένετο; nach καί, *et*, *und* u. ä. S. 6.

Verwendbarkeit dieser Theorien.

Vor allem müßten wir wissen, welche Fälle beide Theorien umfassen, genauer, als es uns Braune, Ries und Kieckers in

1) Das scheint auch für den Fall *fuar thō* . . . zu gelten, wo *thō* enklitisch ist.

kurzen Darlegungen angeben konnten (namentlich Braune in einer Festschrift).

Vor allem brauchten wir für Braunes Theorie eine Abgrenzung nach der Bedeutungsseite, — ein urgermanisches *ich sprach* z. B. bedeutete etwas anderes als ein urgermanisches *sprach* — denn sonst kommen wir in die Gefahr, daß wir uns bloß an die praktische Form halten; und wo ist die Grenze zwischen proklitisch und stärker betont als proklitisch? Sind wir darüber einig? Sind wir darüber alle im klaren?

Braune erwähnt S. 37 andere proklitische Wörter als Pronomina, *ohne* und *dein, ohne* hat einen Nebenton, S. 37 oben die Personalpronomina, (die von mir gesperrt) noch nicht wie im folgenden die Personalpronomina mit Subjektsfunktion. Sollen wir uns an die bisher erwähnten Beispiele *ich sprach, es scheint die Sonne, da kam* . . . halten oder sollen wir auch nichtsubjektische Pronomina, andere Wörter als Pronomina, und Wörter mit Nebenton als 'proklitisch' im Sinne Braunes bezeichnen? Ist diese Annahme richtig, dann wächst die Zahl der hiehergehörigen proklitischen Wörter und Funktionen dieser Wörter ungeheuer, damit aber auch die Zahl der zweifelhaften Fälle.

Entsprechend schwierig ist der Geltungsbereich der 'proklitischen' Theorie nach Ries abzugrenzen.

Für die Kieckerssche Theorie wären nachzutragen im Hauptsatz in Stellung S* behauptende Sätze, die nur aus Subjekt und Verb bestehen: *Er schläft;* dann die sogenannten Wortfragen: *Wer ist draußen? Wo sind wir?* Auch: *Wessen Hut ist das? Nach welcher Seite wollen wir uns wenden?* Bei Sätzen wie *Es scheint die Sonne hell* kann man verschiedener Ansicht sein: ich kann sagen *Die Sonne scheint hell,* aber wenn ich *es* verwenden will, muß es am Anfang stehen. Und es gibt sicher Fälle, wo ich dieses *es* gebrauchen muß, z. B. *es kommt wer* in der Umgangssprache = *jemand, wer kommt* ist Wortfrage. Alle diese Obereinheiten müssen eröffnen, also steht das Verb nach Kieckers hier in gedeckter Anfangsstellung.

Die Theorie von Kieckers greift über auf den neuhochdeutschen Nebensatz, d. h. K*sätze, und endlich auf alle V*sätze, d. h. 1. auf Fälle, wo es sich gar nicht um etwaige gedeckte Anfangsstellung des Verbs handelt, 2. auf Fälle, wo das Verb selbst die 'Anfangsstellung' einer andern Obereinheit 'deckt'.

Wie haben wir dann nach Kieckers Äußerungen aufzufassen, die nur éine Obereinheit enthalten, z. B. *Ein Schiff! Den andern Hammer! Herrlich! Komm! (Ja,) wenn!*

Ferner: Eine Einheit steht (nach Kieckers) notwendigerweise z. B. am Anfang des Nachsatzes: *Wenn Westwind geht, dann kommt es zum Regnen. kommt* steht dann nach Kieckers in gedeckter Anfangsstellung. Aber diese hat es selber notwendigerweise; also hat etwa *es* gedeckte Anfangsstellung? Aber *es* muß der Obereinheit *zum Regnen* vorausgehen; demnach kämen wir auf die letzte Obereinheit *zum Regnen,* der natürlich auch nichts mehr folgen kann. (Man müßte dann natürlich gedeckte Anfangsstellungen verschiedener Grade unterscheiden.)

Endlich müßten wir auch im Satzinnern gedeckte zweite, dritte . . . Stellung und am Satzschluß gedeckte Schlußstellung anerkennen, und dürften dabei auch nicht bei der éinen Obereinheit stehen bleiben, z. B. *Ich kann nicht mehr laufen. kann* muß an zweiter Stelle, *nicht mehr* muß dem *kann, laufen* muß dem *nicht mehr* folgen. *Er kann nicht mitgehen, weil er arbeiten muß. muß* steht notwendigerweise am Ende, *arbeiten* muß nach *weil* und und *er* stehen, *er* nach *weil*, dem *weil* kann im Nebensatz nichts vorausgehen.

Derartige Sätze mit lauter Obereinheiten in notwendiger Stellung sind gar nicht so selten: Verbum, alle Nominalformen des Verbs, *zu* vor Infinitiv, Adverbien, die unfeste Zusammensetzungen bilden, z. B. *fort* in *fortlaufen*, und entsprechende Fälle *(Schlittschuhlaufen)*, dann die Nominalprädikate und die Satznegation. Die Stellung der übrigen Obereinheiten im Satzinnern ist durch andere Gesetze bedingt, aber oft steht nur éine solche Obereinheit im Satzinnern.

Auf Braunes Theorie ist entsprechende Ausdehnung, meines Erachtens, nicht anzuwenden, wenn wir sie so auffassen müssen, wie ich angegeben habe. Wohl ist das aber der Fall, wenn man sie mit anderen Forschern — offenbar gegen Braunes Meinung — als wesentlich rhythmisch faßt und in diesem Sinne verwertet. Dann deckt das Verb die Anfangsstellung in dem Satz *Bist dús?*, dann steht *kommen* in gedeckter Schlußstellung in einem Satz wie *Glauben Sie, daß er noch kommen wird?* Dann ist der Beginn eines Satzes *Er ist kránk* in dem Worte *krank* zu suchen. Aber schon Braunes eigene Fassung macht ein derartiges Mißverständnis seiner eigenen Lehre möglich.

Die Frage der gedeckten Anfangsstellung des Verbs im Nachsatze

ist schon entschieden: der gewöhnliche Nachsatz ist nur ein hinterer Satzabschnitt, hat also gar keinen Satzanfang, also kann die Frage nach einer Anfangsstellung im gewöhnlichen Nachsatz gar nicht erhoben werden.

Die Frage der gedeckten Anfangsstellung des Verbs im vollständigen Satze.

Wortstellungsform.

Zu Braunes Theorie: Das Verb bildet im heutigen Neuhochdeutschen überhaupt keine Obereinheit mit irgend einem andern Satzteil — außer etwa in einer Reihe: *Er lachte und weinte,* hier kann man aber jedes Verb als ein Satzstück fassen — es bildet keine Obereinheit mit den im Sinne Braunes proklitischen Wörtern[1]); es heißt z. B. *Er sprach sehr schnell,* aber: *Ich konnte ihn schwer verstehen, weil er sehr schnell sprach. Da kam endlich ein Mann des Weges,* aber: *Es war ein Glück, daß da endlich ein Mann des Weges kam.* Eine Obereinheit wird nie zerrissen, außer der zweite Bestandteil ist zu umfänglich: *Ich kenne den Herrn sehr gut, der eben bei Ihnen war. Es* in dem Satz *Es scheint die Sonne hell* kann nur eröffnen, und wegen seiner schattenhaften Eigenbedeutung sowie der damit zusammenhängenden schwachen Betonung — aber keineswegs infolge seiner Funktion! — von dem folgenden Verb durch ein *aber, nämlich* u. ä. nicht getrennt werden. Es heißt *Er aber lachte,* aber nie *Es aber scheint die Sonne hell* — auch nicht *Es aber schneite*; aber trotzdem bildet weder das erste noch das zweite *es* mit dem Verb zusammen eine Obereinheit. Wir erkennen aus der Melodie und der Bedeutung des Satzes *Es scheint die Sonne hell*, daß er die Form A* und nicht V* hat, d. h. daß *es* als A eröffnet und nicht eine Obereinheit *es scheint* als V. Entsprechendes gilt für Sätze wie *Es schneite,* nur sind sie S*sätze. — Ob an Stelle dieser Zweiheit von Ober-

[1]) Daher kommt es auch wohl, daß Braunes Theorie als eine rhythmische aufgefaßt wird; wir fassen unwillkürlich nicht *ich sprach, da kam* als je eine Wortstellungseinheit, sondern *ich, sprach*; *da, kam,* jedes Wort als eine solche Einheit.

einheiten urgermanisch éin Wort, also éine Obereinheit, stand, darauf kommt es für unsere neuhochdeutschen Verhältnisse nicht an; ob urgermanisch éin Wort oder zwei oder noch mehr, heutzutage haben wir in diesen Fällen immer zwei Obereinheiten. z. B. *Der Mann lief vors Haus — Ich lief vors Haus; Als der Mann vors Haus lief... — Als ich vors Haus lief...; In diesem Augenblick kam mein Vater — Nun kam mein Vater; Es war ein Glück, daß in diesem Augenblick mein Vater kam — Es war ein Glück, daß nun mein Vater kam.*

Nun kann bloß éine Obereinheit eröffnen, das ist natürlich in einem Satzanfang *Ich sah...* nur *ich,* nicht *sah,* in einem Satzanfang *es scheint die Sonne..., da kam... es* oder *da,* nicht *scheint* oder *kam;* im ersten Fall hat der Satz die Form S*, im zweiten oder dritten die Form A*, je nach der Funktion der eröffnenden Obereinheit.

Anmerkung. Das Verb kongruiert mit dem Subjekt, der kongruierende Bestandteil ist aber in allen sonstigen Fällen der untergeordnete. Gäbe es also heutzutage eine Einheit Subjekt-Verb, so wäre das Subjekt der Kern und diese Einheit müßte als Subjekt, nicht als Verb bezeichnet werden.

Fasse ich dagegen die dem Verb vorangehenden Wörter als proklitisch im gewöhnlichen Sinn, d. h. als rhythmisch schwach und sonst nichts weiter, so ändert doch diese rhythmische Gestalt der Wörter nichts an ihrer syntaktischen Funktion, ein ganz schwachbetontes *ich* ist ebenso Subjekt als ein sehr stark betontes; ein ganz schwachbetontes *da, nun* ebenso ein A wie ein sehr stark betontes; *ich* ebenso Subjekt wie *der Mann; da, nun* ebenso A wie *in diesem Augenblick.* Und diese syntaktische Funktion der Obereinheiten ist das Maßgebende für die Benennung der Obereinheiten, die Reihenfolge der Obereinheiten das Maßgebende für die Wortstellungsform des Satzes; namentlich ist für diese die eröffnende Obereinheit in ihrer Funktion wichtig. — Es kann auch ein Wort wie *und, aber, oder* ausnahmsweise — stark betont oder — gewöhnlich — schwach betont sein; in beiden Fällen entscheidet seine syntaktische Funktion derzufolge es kein Bestandteil der Sätze oder Satzstücke ist, die es verbindet. Nach diesem Gesichtspunkt sind die 'tonschwachen Satzadverbien' im Sinne von Ries S. 44, vgl. S. 42 und § 35 zu untersuchen und zu scheiden.

Braune erwähnt S. 36 noch einen weiteren Gesichtspunkt, den der Bedeutungsleere des *es* in Sätzen wie *Es scheint die Sonne hell.* "Dessen Bedeutung wird von niemandem mehr verkannt· *es* ist nur dem grammatischen Schema zuliebe hinzugefügt, um die reine Anfangsstellung des Verbums zu verdecken." Man kann auch die unpersönlichen *es* anführen, deren Bedeutung uns so leer vorkommt, wie *Es regnet, Es friert mich, Es ist Zeit, Es gibt Äpfel.* Für die Wortstellungslehre hat nun jedes dieser Wörter eine deutlich erkennbare Funktion, wie die bedeutungsvolleren Obereinheiten; jenes *es* in dem Satze *Es scheint die Sonne hell* ist ein A, vgl. Anmerkung, die andern genannten *es* sind jedes Subjekt, vgl. nachher unter Funktion.

Anmerkung. Die Wortstellungsform des ganzen Satzes kann dazu beitragen, die Funktion jenes *es* aufzuhellen, die wir in Sätzen haben wie *Es scheint die Sonne hell (Es reiten drei Reiter zum Tore hinaus.)* Dieses *es* kann nur am Satzanfang stehen, es steht ihm also der ganze übrige scheinbar vollständige Satzinhalt gegenüber, offenbar auch in der syntaktischen Gliederung. Es bezieht sich, meines Erachtens, auf das Vorsichgehen der Handlung, auf das Bestehen eines Zustandes, erinnert also an eine Bestimmung der Art und Weise, eines Begleitumstandes. Zugrunde liegen wird eine Bestimmung wahrscheinlich zeitlicher Erstrekkung, die dann später andere Bedeutung bekam. *Es fielen große Tropfen* wäre demnach ursprünglich: *Die vorliegende Zeit hindurch* ... Diese Bedeutung hebt sich von der des übrigen Satzinhalts kaum ab und erscheint deshalb als leer. — Notwendig wird *es*, wenn keine andere Obereinheit eröffnen kann: *Es wurden mehrere Verhaftungen vorgenommen, Verhaftungen vornehmen* ist fast schon Zusammensetzung. Der Anfang mit *es* dient auch rhythmischen Zwecken: *Es fiel ein Blitz*, wenn ich steigende Tonstärke wünsche.

Zu der Theorie von Kieckers: Es kommt darauf an, wie die Form tatsächlich beschaffen ist. Alle Obereinheiten, die eröffnen müssen, eröffnen tatsächlich, und jede andere Obereinheit, die also an späterer Stelle stehen muß, steht tatsächlich an späterer Stelle, also z. B. auch V. Die Fälle, die Kieckers vereinigt, sind nach der Wortstellungsform sehr verschieden: vgl. S. 27. Nhd. a nach Vordersatz, dazu auch *so* in *so sagte er* gehört gar nicht zum Nachsatz, vielleicht auch nicht die entsprechenden altenglischen, altnordischen, altgriechischen Wörter *þā* ἐνταῦθα; bei der griechischen Negation ist die Frage, ob sie mit dem Verb eine Obereinheit bilden kann, vgl. κραυγὴ ἐγένετο, oder die Stellung vor dem Nachsatzverb kann die Negation hervorheben; *und*, wahrscheinlich auch *et*, καί kommt wie schon erwähnt, für die Frage der Satzeröffnung gar nicht in Betracht. (Das Nichtdeutsche hier nur der Vollständigkeit halber. Auf solche abliegende Fragen kann ich nicht eingehen.)

Die Satzmelodie

scheidet V*sätze von S*- und A*sätzen[1]), dagegen nicht zwischen Gebilden mit irgendwelcher gedeckten und nicht gedeckten Anfangsstellung. Entsprechendes gilt von der

Bedeutung der Wortstellungsformen.

Vgl. dazu auch Ries S. 35ff., namentlich das Gesperrtgedruckte S. 37. Auch hier heben sich die V*sätze (Frage, Verwunderung; Bedingungssätze; Befehl, Wunsch) scharf von den behauptenden S*- und A*sätzen ab. Das zeigt sich auch bei Sätzen mit scheinbar bedeutungslosem *es*. Ich berichte *Es schneit* und frage *Schneit es? Es kam ein Mann und sagte* ... hat eine ganz andere Bedeutung als das von Braune damit verglichene *Kám da ein Mann und sagte* ..., das erste hebt mehr das ganze Geschehen hervor, das zweite dagegen das im Verbinhalt Ausgedrückte, der erste Satz ist denn auch viel ruhiger gehalten als der zweite. — Bezeichnend ist der Unterschied *Mich friert, — Friert dich? wenn dich friert* ... *wen derartig friert* und *Es friert mich*. Selbst dieses im Satzinnern entbehrliche *es* kann also in der Schriftsprache im Satzanfang nicht wegbleiben; es ist eben Formmittel, ein Teil der Wortstellungsform des ganzen Satzes, die besonders in der Funktion der eröffnenden Obereinheit zu erkennen ist.

Anmerkung: Will ich in der neuhochdeutschen Schriftsprache mit dem Verbinhalt eröffnen, so kann ich das nur mit einer Nominalform des Verbs, wenn nötig, vertritt *tun* nach dem Infinitiv das finite Verb: *Schwimmen tut er gut. Schwimmen kann er ausgezeichnet. Getanzt hat er wie ein Jüngling.* Also auch hier die Form A*, nicht V*. *Schwimmen tut* ist keine Obereinheit, vgl. *Er tut ausgezeichnet schwimmen*, Umgangssprache. Einmal hörte ich einen Ausgleich: *Könnə könnt mə scho, aber derfn derf mə net.* Auch das beweist, daß das eben erwähnte *es* ein Satzteil ist.

Dagegen finde ich wieder keinen Unterschied zwischen irgendwelcher gedeckten und nicht gedeckten Anfangsstellung. — Jede dieser Einteilungen zerreißt Zusammengehöriges (das

[1]) Von den Wortfragen abgesehen, die eine Sonderstellung einnehmen. Ihrer Bedeutung nach gehören sie zu den S*- und A*sätzen, sind aber den V*sätzen darin verwandt. Ich bezweifle nicht, daß jemand irgendwo war, wie in einer Satzfrage *Warst du im Garten*, sondern ich weiß nur nicht, wo der Betreffende war: *Wo warst du?*

Gebiet von S* und A*) und verbindet Nichtzusammengehöriges (das Gebiet von V* und einen Teil des Gebiets von S* und A* oder von A* allein). Selbst wenn ich Anhänger der Inversionstheorie wäre wie Ries, müßte ich doch auch zwischen A* und V* scheiden und die gedeckte Anfangsstellung auch in A* nicht dulden.

Das Formverschiedene, das Kieckers vereinigt, ist auch nach der Melodie und der Funktion wesentlich verschieden.

Die eine Seite der Satzform (Melodie) ist ein Prüfstein für Theorien, welche über die andere Seite aussagen (Wortstellungsform); und die Satzbedeutung ein Prüfstein für die Theorien über die Form oder eine ihrer Seiten (so auch umgekehrt die Form für Theorien über die Satzbedeutung oder überhaupt die syntaktische Funktion).

Die geschichtliche Entwicklung.

Unsere Wortstellungsformen des Satzes weichen vom Urgermanischen in mancher Beziehung ab, wir müssen aber auch diese Veränderungen und die dadurch bedingten heutigen Verhältnisse als gegeben hinnehmen, als geschichtliche Tatsache. Vgl. Paul Prinzipien⁴ S. 31, Ende von § 15. Formen wie *Ich kam* ... *Es scheint die Sonne* ... *Da kam* ... sind vorhanden und form- und bedeutungsgleich mit andern, diesen gesellen wir sie also zu. Die Ableitung aller unserer Formen vom Urgermanischen und Urdeutschen kommt in zweiter Linie.

Sind die neuen Satzformen wirklich auf die alten mit Beginn des Verbums zurückzuführen, das den Inhalt von Verb und Person vereinigte?

Eine Form *du kommst* ist gar nicht zurückzuführen auf eine solche wie *kommst*; es sind zwei verschiedene Formen, von denen jede ihre eigene Geschichte hat. Gewisse Bedeutungen erlaubten nur die Form *Du kommst,* die andern nur die Form *kommst.* Die eine Form muß irgendwie den Sprechenden mehr zugesagt haben, eine große Rolle spielen dabei Anschaulichkeit und anderes; diese zusagendere Form war später *Du kommst.* Nun werden immer mehr Sachverhalte in einer Weise angeschaut wie sie der Bedeutung und damit auch der zusagenderen Form *du kommst* entspricht, d. h. die Fälle, wo Bedeutung und Form *du kommst* gebraucht werden, werden immer häufiger, auch bei Sachverhalten, mit denen früher die Anschauung verbunden war, die zu *kommst* führte; und die Anschauung die *kommst* herbeiführte trat immer seltener auf, zog sich auf immer wenigere Fälle zurück, bis die eine Form das ganze oder fast das ganze Gebiet der Tatbestände eroberte, die andere ganz unterging oder nur noch einen Rest oder Reste behauptete. Ein solcher Rest ist die Imperativform. Die mächtigere Form hatte dagegen an Anschaulichkeit verloren; nur dadurch war ihre Ausdehnung möglich. Immerhin ist und bleibt sie anschaulicher als die andere Form, deren Gebiet eingeschrumpft ist.

Der ganze Vorgang ist ein Analogiekampf, der zu einer Art des Synkretismus oder der Formenverarmung führt — Ausdehnung eines Formgebiets, Einschrumpfung eines andern, zwei geschichtliche Vorgänge, von denen jeder allein auftreten kann.

Die Entwicklung der pro- und enklitischen Form des Pronomens ist eine schwierige Frage. Nach dem Nebeneinander von voll- und schwachbetonten andern Pronomina, vor allem der demonstrativen wird analogisch dem vollbetonten persönlichen Pronomen ein schwachbetontes zur Seite getreten sein.

In entsprechender Weise gewannen an Ausdehnung die übrigen Formen: Im Urgermanischen *du dann kommst* und *dann du kommst,* außerdem *dann kommst du; kommst du?* auch behauptendes *kommst du* und *daß du dann kommst ...* Alle diese Formen hatten zum Unterschied von denen mit bloßem *kommst* von vornherein die Bedeutung der Formen mit ausgedrücktem Subjekt und waren von Anfang an unter sich verschieden je nach der Wortstellungsform — *du kommst* hieß etwas anderes als *kommst du* usw. — sie waren eben Analogiebildungen nach Formen, an denen eine entsprechende Bedeutung haftete.

So ist auch *Es scheint die Sonne hell* keine Fortbildung des alten erzählenden Typus *Scheint die Sonne*; daß die Anfänge *thō sprah* und *fuar thō* nebeneinander vorkamen, sagt Braune selbst S. 36. Überall handelt es sich um den Analogiekampf zweier Formen, von der einen Form zur andern führt keine Brücke.

Demnach ist ein nhd. *ich sprach* nicht die Fortsetzung eines urgerm. *sprach,* sondern die Entwicklungsreihe führt von dem nhd. *ich sprach* auf ein urgermanisches, in seiner Verwendung viel weniger Fälle umspannendes *ich sprach.*

Verhältnismäßig nebensächlich ist die Frage, wie alt unser gegenwärtiger Gebrauch ist. Im wesentlichen steht das Hildebrandslied und der Heliand schon auf der heutigen Stufe, und denselben Eindruck macht das übrige Althochdeutsche, soweit es nicht vom Latein beeinflußt ist — etwas mehr Restfälle mit Verbum allein; stärkere Ausnützung des Zusammenhangs ohne persönliches Subjekt ist ein andrer Fall. Sonst ist das persönliche Pronomen als Subjekt schon durchgeführt. Dazu stimmt, daß im westgerm. *ik*, die schwachbetonte Form des Pronomens durchgeführt ist.

3. Sätze wie *stimmt, machen wir.*

Soweit nichts bemerkt ist, habe ich alle diese Sätze gehört. Bei 1. 'ergänzen' wir ein Subjekt, bei 2. irgend ein A.

Die Äußerung eines einzelnen kommt in Betracht, die aus der Sachlage verständlich ist:

1. Erste Person: *Gratuliere. Wollen sehen was sich tun läßt.* Zweite Person: *Laß dirs gut schmecken / was? / solltest dir das Essen gut schmecken lassen.* Dritte Person, Personen: *dantsä* mit Gebärde die auf ein Bild mit tanzenden Personen hinweist. Gegenstände: Der Zug setzt sich in Bewegung: *fährt ganz bünktlich ab neun Uhr elf.* Barometer: *geht nauf.* — *rę̄gt rę̄gt* = regnet.

2. Ein Gymnasiallehrer mit der Schulaufgabe eines Kollegensohnes zum Vater: *Hat er sich verhaut (*da).* Papier: *kostet der Bogen zwanzig Heller. reißt se aus* 'zu ergänzen' etwa: *Wenn ich sie nur ansehe,* im vorliegenden Fall. Nachdem Sie mir öffnen: *brauch ich die Glocke nicht mehr in Bewegung zu setzen.*

Die Rede bezieht sich auf die vorangehende Äußerung eines andern, zum Teil auf einen ganzen Satz:

1. *Da habe ich also die ganze Nacht das Licht brennen lassen / ist mir noch nie passiert.* Häufig *versteht sich, freut mich sehr, ist recht; fällt mir ein* als Ablehnung.

2. Ein Herr sagt im Gespräch mit einem Ehepaar, daß er auf Besuch kommen wolle; die Dame: *Hoffen wir ganz bestimmt.* — *Sie verlieren eine Haarnadel, gnädige Frau / verlier ich einen Verehrer.— Das Gymnasium ist doch nicht so weit vom Bahnhof / könnten Sie reinkommen.*

Die Rede bezieht sich auf einen Satzteil in der vorangehenden Äußerung eines andern.

1. *Wie weit ists noch auf dreiviertel? / hat noch fünf Minuten.*

2. *Sie haben wohl gehört daß der Kistler gestorben ist / hab ich ghört. Kann man da unten durchschlupfen? / dárf man nicht. — aber Sie sind dafür verantwortlich / nein bin ich nicht.*

Vielfach müssen wir den Satzteil in der folgenden Rede in anderer Funktion 'ergänzen' als in der vorausgehenden:

1. *Herr Ober, wann krieg ich meinn Tee? / kómmt gleich — kómmt gleich. — Dann hab ich mich zur Jagd entschlossen / ist doch schöner.*

2. *Der hat auch viele Zuhörer / läuft alles nei (*zu dem).*

Der Inhalt, den wir ergänzen zu müssen glauben, kommt in andern Fällen schon vorher in der Rede des nämlichen Sprechenden vor. Dann kann auch einfache 'Nachwirkung' der syntaktischen Beziehung vorliegen, so in den einfachen Beispielen wie *Ich stand am Fenster und sah hinaus; Gestern spielten sie und sangen sie.* Die Möglichkeit der Nachwirkung geht in solchen Fällen viel weiter, als man zunächst anzunehmen geneigt ist, sie liegt nach meinen Selbstbeobachtungen sogar vor in Fällen wie *Gestern habe ich auf dem Markt eine alte Frau gesehen hatte ein schwarzseidenes Kleid an.* Ob eine solche Nachwirkung der Beziehung stattfindet, entscheidet in allen Fällen die Selbstbeobachtung, manche sind aus sich klar, z. B.: *Kennen Sie das Jahrbuch für Naturkunde Herr Kollega? / nein / kann ich Ihnen empfehlen* (die Fortsetzung *kann ich Ihnen empfehlen* ist erst nach der Antwort *Nein* möglich). Vielleicht ist Nachwirkung nach vollständigem Satzschluß nicht möglich; dann gäbe die Melodie einen wichtigen Aufschluß. Unsere stilistischen Gewohnheiten in der Schriftsprache entscheiden in dieser Frage gar nichts.

Was wir von diesen Gebilden hören oder in ihrer schriftsprachlichen Nachbildung sehen, das macht entschieden den Eindruck der Unvollständigkeit. Aber sie genügen dem Sprechenden selbst, sie genügen in der Regel auch dem Hörenden. Die Sachlage, der Zusammenhang oder beide zusammen weisen nun auch auf jenen weiteren Inhalt, den wir ergänzen zu müssen glauben, z. B. in einem Satze wie *dantsä* auf ein **die, *diese,* in einem Satze wie *kostet der Bogen zwanzig Heller* auf ein **von* *dem da, *von diesem da, *hier,* entsprechend deutet diese Sätze der Hörende nach dem vorliegenden Fall und nach seiner eigenen Erfahrung im Hören und Sprechen. Dieser Inhalt muß für den Sprechenden wie für den Hörenden tatsächlich ein Bestandteil des Satzes sein, sonst hätten Gebilde der Art keinen Sinn, weder im Munde des Sprechenden noch im Ohr des Hörenden. Nach meinen Selbstbeobachtungen wird nun jener Inhalt in keiner Weise sprachlich vorgestellt, weder innerlich gehört noch innerlich gesprochen (wahrscheinlich von solchen, welche das Gesprochne vorher in sprachlicher Form geschrieben oder gedruckt vorstellen, auch nicht innerlich gesehen), er wird sagen wir nur gedacht.

Nichtsprachliche Vorstellungen, z. B. das Gesichtsbild der betreffenden Person, können dabei auftreten, sind aber für die sprachliche Betrachtung nebensächlich. In sprachliche Form übersetzt hat der Inhalt hinweisende Bedeutung **der da* oder aufnehmende *von dem ich eben gehört, gesprochen habe,* = **der*[1]). Er steht auch immer in syntaktischer Beziehung, in die Augen fällt vor allem die Funktion des Subjekts in Gebilden wie *stimmt*, mit Kongruenz des Prädikatsverbs, vgl. die ersten Beispiele; die Funktion des Akkusativobjekts in Gebilden wie *machen wir*. Das gilt für den Redenden, entsprechend für den Hörenden.

Erst die Gesamtheit *Gesprochenes* + *Gedachtes* mit allen syntaktischen Beziehungen, ebenso *Gehörtes* + *Gedachtes* mit allen syntaktischen Beziehungen ergibt also hier den ganzen Satz.

Anmerkung. Ohne Sachlage oder Zusammenhang oder beides ist auch der sog. 'vollständige' Satz in vielen Fällen nicht verständlich, namentlich der Satz mit Pronominalinhalt, *das stimmt*, *das machen wir*.

Für die Form dieser Sätze ist es bezeichnend, daß der gedachte Inhalt nur am Anfang steht und nur die Funktion S oder A hat; ein Satz *Alles wohl* macht nur scheinbar den Eindruck eines Fragesatzes mit einem nur gedachten Verb *ist*, in Wirklichkeit ist es ein durch *Alles* eröffneter Satz ohne ein auch nur gedachtes Verb.

Äußerlich tritt von diesen Sätzen für die Wortstellungsform nur ein Satzstück in die Erscheinung, genau wie der Nachsatz im Satzgefüge. Keiner dieser Sätze wird mit dem Verb er-

[1]) Auch in Sätzen wie *regnet*, es gibt auch Sätze: *Das regnet*.

öffnet. Die Form V* müßte lauten _Stimmt das? Machen wir das? Machen wir das!,_ vgl. _Kam da ein Mann,_ d. h. S oder A müßten in V* dem Verb nachfolgen, hier gehen sie ihm unausgesprochen voran; im Innern des Satzes können sie nie fehlen.

Die Melodie stellt solche Sätze deutlich zu denen der Form S* und A* und nicht zu den V*sätzen, auch nicht zu solchen wie _Kam da ein Mann._

Auch die Bedeutung trennt diese Gebilde von den V*-sätzen und stellt sie zu den S*- und A*sätzen; ein _stimmt, machen wir_ usw. wären der syntaktischen Funktion nach unvollständig wie die Nachsätze der Satzgefüge.

Hier liegt wieder kein Verb vor, das auch den Subjektsinhalt umfaßte. Man sagt nur _stimmt, machen wir_; wäre ein Verb vorhanden das auch Subjektsinhalt hat, so müßten wir erwarten _Vorzüglich stimmt_ statt _Vorzüglich stimmt es, machen_ statt _machen wir_, d. h. es fiele auf, weshalb diese Verbbedeutung nur am Satzanfang stünde. Und zu dieser Annahme einer Bedeutung die Verb und Subjekt vereinigt, paßt auch nicht dieser entschieden demonstrative Inhalt des gedachten Satzteils. _Wo bist gewesen_ spricht nicht dagegen: _bistu_ > _biste_ > _bist; biste_ z. B. in der Würzburger Mundart erhalten.

Der Form nach weichen diese Gebilde von den gewöhnlichen S*- und A*sätzen ab; bezeichnet man das gedachte S und A als

(S) (A),

so wären diese Satzformen

(S)* (A)*.

Der Bedeutung nach stellen sie eine hauptsächlich verstandesmäßige Willens- oder Urteilsäußerung über etwas dar, was als vorliegend bekannt ist.

Mit dieser Satzbedeutung hängt es offenbar zusammen, daß die eröffnende Obereinheit nicht gesprochen oder geschrieben wird. Sätze, in welchen das hier nur gedachte S oder A ausgesprochen wird, z. B. _das stimmt, das machen wir,_ drücken aus daß der Sprechende etwas erörtert, nicht bloß feststellt. Vgl. S. 13. Es zeigt sich somit zwischen Sätzen der Form S* und A* und solchen der Form (S)* und (A)* ein ähnlicher Unterschied wie zwischen Sätzen, die mit Ss Aa, und solchen, die mit S und A beginnen; die ärmere Form ist ein Zeichen mehr verstandesmäßiger Auffassung.

Derartige Sätze sind zum Teil schon Formeln geworden.

Geschichtliche Entstehung aus Sätzen, in denen das Verb auch noch das Subjekt bedeutete, scheint mir nicht wahrscheinlich. — Es hieß in der Rede eines einzelnen: *Ich kann nicht fort, muß zu Hause bleiben. Ich* wirkte auch für das zweite Satzstück nach. Der Hörende kann hier statt éines Satzes mit zwei Satzstücken zwei Sätze auffassen, in deren zweitem *ich* aus dem Zusammenhange zu verstehen ist; er kann dann solche Doppelsätze selbst bilden, auch solche mit Satzschluß nach dem ersten Satz, diese Beispiele wirken dann wieder auf andere Hörer. Endlich kann ein einzelner Satz gebildet werden wie *muß zu Hause bleiben.*

Einer kann dann die Rede des andern abschneiden und unmittelbar fortsetzen: *Mein Bruder / ist heute angekommen.* (Selbst folgender Fall kommt vor: *Ich glaube, ich / sind nicht recht wohl.*) Solche Fälle wie *Mein Bruder / ist heute angekommen* sind wichtig für Urteile wie *stimmt, machen wir* nach vorangegangenen Äußerungen. Der zweite Sprechende macht das Gehörte zu seinem Satzanfang, ursprünglich nur etwas, das auch in der Rede des ersten Sprechenden Satzanfang war, dann auch etwas, gleichgültig ob es Satzanfang ist oder nicht. Ich denke hier namentlich an Beispiele, wie sie Paul Prinzipien[4] anführt: *kem einer her mit dem Opfer, brecht auch vil golts darvon* S. 315, *ein evolk dreissig jar fritlich lebet, verdross den Teufel gar* S. 146, beide aus Hans Sachs.

Alle Möglichkeiten der Entwicklung sind damit noch nicht genannt. Die gedruckte und geschriebene Überlieferung macht Hinweis auf die Sachlage schwer möglich und läßt daher die Entwicklung schwer erkennen.

4. Die Wortstellungsform V*.

Der Satz enthält zwei Bestandteile, die mit Hermann Paul[1]) als Psychologisches Subjekt und Psychologisches Prädikat bezeichnet werden können, dazu ist notwendig die syntaktische Beziehung zwischen beiden.

Ein Wort, welches auch Träger der Beziehungen zwischen Psychologischem Subjekt und Psychologischem Prädikat ist, ist das Verbum. (Als solches ist es nicht notwendig.) Eine ähnliche Rolle hat K, und *b*.

[1]) Prinzipien[4] S. 124.

Wenn hervorgehoben werden soll, daß die Beziehung zwischen Psychologischem Subjekt und Psychologischem Prädikat tatsächlich ist, so kann das in der heutigen nhd. Umgangssprache durch die Betonung des Verbs ausgedrückt werden. *Zigaretten gibts / gíbts! Getanzt wírd.* Oder das Verbum finitum steht in diesem Sinne allein ohne die Nominalformen: + *Wenns mir nur gelingt! / Es wird, es wird!* Viebig. + *Lina, sagt ich, das is Handgeld und bringt uns Glück. Und hat auch wirklich* Fontane (mit *wirklich*).

Vgl. spöttische Betonung des Verbs als spöttische Anwendung der Tatsächlichkeitsform um das Gegenteil auszudrücken: *Ach was, tun Sie nicht so zimpferlich, Sie sind gesund! / ja ich bín gesund!*

Das Verb wird hier nicht als der 'wichtigste Satzteil' betont; wozu denn das Hilfsverb betonen? Vgl. damit die Betonung von K: *Dáß du mir aufmerkst! ób du hergehst!* Vgl. *Wíllst du aufmerken? Géhst du gleich her!*

Vgl. dann die Rolle von *b und: Der und singen?* = eine Zusammenstellung in diesem Sinne soll möglich sein?!

Soll der ganze Satz, d. h. die Beziehung von Psychologischem Subjekt und Psychologischem Prädikat verneint werden, so wird die Negation in manchen Sprachen zum Verb gestellt, oder zu K, offenbar als zu den Trägern der Beziehung, vgl. das Lateinische und Griechische, dann das Englische mit seinem *I don't*; lat. *nescio,* westgermanisch *nait* ich weiß nicht, lat. *nisi,* heutiges *daß nicht, wenn nicht;* dazu die Zusammenfassung in οὐδέ *neque* go. *nih* ahd. *noh,* z. T. nhd. *und nicht,* wo es sich um die Bedeutung *und* handelt.

Antworten auf Satzfragen werden vielfach mit Hilfe des Verbums allein, wenn nötig mit Subjekt gegeben: *Hast du die schöne Uhr gesehen? / Hab ich.* Lat. *Spondesne? / Spondeo.* Vgl. mhd. *er tuot,* englisch *I do.* In der verneinenden Antwort wird dann das Verb verneint: *Hat er seinen Lauf gebrochen? / Nein hat er auch nicht,* der Rehbock. Vgl. mhd. *er entuot,* englisch *I don't.*

Dazu stimmt auch die nhd. Stellung von V: in den Sätzen, wo es sich um die Tatsächlichkeit handelt, d. h. in den Sätzen der Stellung V* und K*, hat es jedesmal eine Randstelle inne, ebenso die Bedeutung K in der Stellung K*; in den Sätzen der Stellungen S* und A* ist im allgemeinen die Tatsächlichkeit schon selbstverständlich und wird deshalb nicht mehr eigens hervorgehoben. Hier steht V zwischen der eröffnenden Obereinheit und den übrigen Obereinheiten — in diese 'Lücke' drängen sich auch beiordnende Konjunktionen *b* wie *aber nämlich*, und Einschübe, die nur rhythmisch dem Satz angehören: ... *Er aber ging fort. Dort liegt — habe ichs nicht gleich gesagt — Deine vergessene Mütze.* Die rhythmisch schwachen Obereinheiten rücken nahe an diese Stelle heran: *Dort sah ihn Karl zum letztenmal: Dort sah Karl den Freund zum letztenmal.*

Die V*sätze umfassen zwei größere Gruppen

1. Satzfrage und -ausruf.

Beiden ist gemeinsam das nicht vollständige Erfassen des Vorliegenden, die Frage sucht aber die Lösung, beim Ausruf, bei der Verwunderung ist das Suchen von vornherein aufgegeben.

Was im Folgenden von der Frage gilt, gilt mit entsprechenden Änderungen auch vom Ausruf.

In der Frage ist das Psychologische Subjekt immer bekannt. Unbekannt kann sein:

1. Das Psychologische Prädikat, die Tatsache der Beziehung zwischen Psychologischem Subjekt und Psychologischem Prädikat ist bekannt: Wortfrage.

2. Die Tatsache der syntaktischen Beziehung oder die Art und Weise dieser Beziehung zwischen Psychologischem Subjekt und Psychologischem Prädikat ist unbekannt; Psychologisches Subjekt und psychologisches Prädikat dagegen sind bekannt; durch die Antwort *Nein* wird die Beziehung als nicht vorhanden oder als negativer Art, durch die Antwort *kaum, vielleicht, wahrscheinlich, ja, gewiß* u. ä. als mehr oder minder unwahrscheinlich oder wahrscheinlich usw. hingestellt. Satzfrage.

3. Zwischen beiden Fragen steht folgende: die Tatsache der Beziehung an sich ist sicher, es ist auch a) ein Psychologisches Prädikat oder b) eine Mehrheit von Psychologischen Prädikaten gegeben, aber ich weiß nicht, ob die Beziehung

a) gerade dieses Psychologische Prädikat oder

b) welches von den Psychologischen Prädikaten sie trifft.

In Fall 3 wird die schwerste Silbe des oder jedes Psychologischen Prädikats besonders stark betont: *Kommst du mórgen? Kommst du mórgen oder übermorgen oder nóch später?* — Doch sind nicht alle Fragesätze in Stellung V* mit einer oder mehreren derartigen starken Betonungen solche Fragen: *Willst du das nóchmal tun?* (Drohung.)

Wird in der Wortfrage das Psychologische Prädikat als das Unbekannte durch ein Wort angedeutet, so steht die Obereinheit dieses Fragewortes am Anfang des Fragesatzes, kraft der Fragewortsfunktion des Fragewortes, aber in der Funktion der ganzen Obereinheit. *Wessen Stimme war das?* In der abhängigen Frage ist es entsprechend, nur eröffnet da die Bedeutung K, die dem Fragewort eigen ist: *Wenn ich nur wüßte, wessen Stimme das war.*

In den beiden anderen Fragearten muß im Nhd. der Träger der Beziehung zwischen Psychologischem Subjekt und Psychologischem Prädikat eröffnen, d. h. das Verbum, vgl. englisch *Do* . . ., französisch *est-ce-que* . . ., lateinisch *ne* an das Verbum angehängt. In der abhängigen Frage eröffnet *ob* kraft und mit der Funktion eines Beziehungswortes K.

Nach *oder* kommen in der Umgangssprache V*sätze mit weniger ausgeprägter Fragemelodie vor, z. B. *Der liest Bücher zu Haus oder lernt er.* Knöpfe nach der Wäsche: *Die sind immer hunten oder sind sie verbrochen.*

2. Befehl-[1]) und Wunschsätze.

Es wird befohlen (usw.) oder gewünscht, daß sich die noch nicht vorhandene Beziehung zwischen Psychologischem Subjekt und Psychologischem Prädikat verwirkliche. Auch hier eröffnet infolgedessen das Verb als Träger der Beziehung (Genaueres s. u.).

Zwischen Befehls- und Fragesätzen besteht die Beziehung, daß Satzfragen im Sinne eines Befehls oder einer schwächern Aufforderung verwendet werden: *Gehst du gleich her! Ob du hergehst!* Es ist bezeichnend, daß hier wieder V und K betont werden (als Beziehungsträger) um dem Befehl Nachdruck zu geben, wie V im Imperativ, vgl. den englischen Imperativ *do* mit Infinitiv.

---

[1]) *Geh* zu V* zu rechnen nach *Gehen Sie.* Hieher auch *Gehen wir!*

Anmerkung. Es gibt Fragen, die den Wortfragen entsprechen, in welchen aber der fragliche Inhalt keinen Ausdruck findet: *Sie wünschen —? Heute kommt dran —?* Ihnen müssen im Gebiet der Satzfrage Sätze ohne Verbum finitum entsprechen, in denen also der etwaige Verbinhalt nur durch Infinitiv oder Partizip Perfekt ausgedrückt sein kann: *Ich mich an ihn anschließen? Die Feste erobert?* Mit Spott: *Jawohl, diese glaubenslose Welt wissen, was gut und böse ist!* Ebenso im Ausruf: *Der klavierspielen können!* In Frage und Ausruf auch Verbindungen wie: *Der und Musik verstehen? Der und Musik verstehen!* Dann im Befehl: *Erste Kompagnie abmarschieren,* Weisung; Kommando in *Ganze Kompagnie schwärmen! Abmarschiert!* Vielleicht auch im Wunsch: *O, diesen Lärm nicht mehr anhören müssen!* Vgl. S. 45. Hieher kann man auch Fragen und Ausrufe stellen wie *Er ein Feigling? Er ein Feigling!* = So etwas sollte ich glauben! weil der Behauptungssatz wohl nur heißt: *Er ist ein Feigling,* nicht *Er ein Feigling.* Dagegen steht neben 'Fragen' und Ausrufen wie *Alles wohl* auch die Behauptung *Alles wohl.*

Hieher dann die Fortbildung solcher Frage-, Ausruf-?, Befehls-, Wunschsätze zu untergeordneten namentlich Vordersätzen mit einer Bedeutung, die der eines kondizionalen, temporal- oder konzessivkondizionalen *Wenn*satzes sehr nahe verwandt ist: *Willst du mitgehen, dann mußt du dich beeilen. Geh nur her, dann rede ich ein Wort mit dir* (wenn sich der andere nähern will). *Könnte ich dich nur treffen, dann wollte ich die Sache schon regeln.* Hier ist die Beziehung zwischen Psychologischem Subjekt und Psychologischem Prädikat zweifelhaft, also nahe Verwandtschaft mit den Satzfragen.

Allen diesen Sätzen stehen (grundsätzlich) verwandte in Stellung K* gegenüber, vgl. S. 7 f.

Alle diese Sätze haben, weil die Beziehung zwischen Psychologischem Subjekt und Psychologischem Prädikat nicht feststeht, etwas Unvollständiges, Unabgeschlossenes in der Bedeutung, soweit sie rhetorisch gebraucht werden können, geben sie diese Unvollständigkeit vor. Die Satzfrage spannt auf eine Antwort, der Ausruf macht eine Beruhigung durch Entgegnung erwünscht, Befehl und Wunsch streben, jeder in seiner Art, nach Erfüllung. Die Sätze mit Bedeutung eines *Wenn*satzes spannen auf die Folgen, die ebenso ungewiß sind als die Voraussetzung. Entsprechendes gilt von den verwandten Sätzen ohne Verb und den K*sätzen.

Auch die Form der V*sätze ist unabgeschlossen, indem nicht ein S oder A eröffnet, nicht ein Satzteil als solcher, sondern als Beziehungsträger; vgl. K*. Als Satzteil eröffnet V nicht, vgl. S. 33 Anm. In Sätzen wie *Einstürmt der Feind mit Brand und Mord* eröffnet das Adverb *ein*, nicht ein Verb *einstürmt*; vgl. *Der Feind stürmte in die Feste ein, stürmte* und *ein* sind zwei Obereinheiten.

Am deutlichsten ist die Unabgeschlossenheit der V*sätze, namentlich der Satzfrage in der Melodie. Je mehr die Ausrufe sich in der Bedeutung der gewöhnlichen Aussage nähern, desto näher kommt die Melodie der des Behauptungssatzes.

Dagegen zeigt sich eine gewisse Vollständigkeit der V*- und der K*sätze, wenn sie Nachsätze sind, im Gegensatz zu den gewöhnlichen Satzstücken, die so genannt werden, vgl. S. 47 f. Die V*sätze mit Bedeutung von *Wenn*sätzen verhalten sich wie Sätze als Teile von Satzgefügen.

Behauptungssätze der Umgangssprache in Form V*.

Z. T. sind Sätze, die hieher zu gehören scheinen, Ausrufesätze, vgl. namentlich: *Wie ich ankomme, steht da nicht mein Freund M. am Bahnhof? Nicht* deutet auf Entwicklung aus dem Fragesatz. Alle Ausrufesätze können in einer Melodie gesprochen werden, welche sie dem Behauptungssatz annähert.

Dann kann (A) vorliegen, selbst wenn ein *da* nach dem Verb steht. Das kann für Sätze gelten wie *Sah ein Knab ein Röslein stehn.*

Es gibt aber m. E. behauptende Sätze in Form V*. Und wie neben verschiedenen V*sätzen solche stehen wie *Ich mich an ihn anschließen?* so auch erzählende, die offenbar ein erzählendes V* an sich wahrscheinlich machen; so im Bayrischen: *allaweil laufn, allaweil laufn = Er läuft immerzu*; *a schiachs Wetter gwesn.*

Nach dem, was ich weiß, steigt die Melodie in solchen V*sätzen in Verb sehr stark und erreicht in einer spätern Hebung eine ähnliche Höhe: *kómmt da ein Mánn auf mich zu . .*

Hier eröffnet V vielleicht als Verbinhalt; eine solche Eröffnung durch den Verbinhalt ist in der Schriftsprache nicht möglich.

Weißgott

enthält noch (A), unter Umständen ist es Satzstück wie *sagte er: Ich habe weißgott Besseres zu tun,* oder es ist schon erstarrt.

S* und A* im Wettbewerb mit V*.

Wettbewerb der Form ohne ersichtlichen Bedeutungsunterschied.

Im Imperativ ist die Stellung A* möglich, wenn A Satz ist oder Satzinhaltsbedeutung hat: *Wenn du müde bist, so leg dich ins Bett! — Ich bin so müde. / Dann leg dich ins Bett!* Sonst wohl nur in starker Erregung, namentlich in der Wiederholung des Befehls: *Gib das Buch her! — Das Buch gib her!!*

Seltener die Stellung S*: *Dú freu dich* (spöttisch.)

Im Konjunktiv Präsens kann der Wunschsatz mit *mögen* in Stellung V* stehen: *Möge ihn Gott schirmen!* daneben in Stellung S* oder A*. Nach meinem Sprachgefühl ist die Stellung V* im Satz mit einfachem Verb ohne *mögen* in der Schriftsprache fast schon erstarrt, in der Umgangssprache kommen nur noch Formeln vor wie *Tröst ihn Gott! Behüt dich Gott! — Hol ihn der Teufel!* In der Schriftsprache nur *Lang lebe der König, Es lebe der König, Er lebe hoch,* aber nicht *Lebe der König* usw. Auch die Möglichkeit, den wünschenden Konjunktiv Präsens im Relativsatz zu gebrauchen, weist darauf, daß die Stellung S* und A* im Hauptsatz zum mindesten schon geläufig ist: *Unser König, den Gott beschütze* ...

Im Konjunktiv Imperfekt und Plusquamperfekt dagegen, wo sowohl Wunsch als Aussage noch lebendig sind, sind die Formen — V* als Wunsch und S* oder A* als Behauptung — scharf geschieden, der Konjunktiv Imperfekt in Stellung S* oder A* im Gegensatz zum Konjunktiv Präsens nur Behauptungssatz: *Ich wäre gern fort. — Wäre ich nur fort!* Hier liegt also kein Wettbewerb vor.

In den Fällen, wo der bisher erwähnte Wettbewerb vorliegt, sehe ich das Vordringen der mächtigen Analogie von S* und A*.

Wettbewerb mit deutlichem Bedeutungsunterschied.

Neben Satzfragen stehen Behauptungssätze in Stellung S* oder A*, die etwas für möglich Gehaltenes zweifelnd hinstellen und Bestätigung wünschen — nicht, wie die Satzfragen, Entscheidung über richtig oder falsch; Zeichen dafür .? *Sie gehen doch mit .? Morgen sind Sie wohl schon wieder hier .?*

Neben Ausrufesätzen in Stellung V* erscheinen Behauptungssätze in Stellung S* und A*, deren Inhalt dem Redenden als verwunderlich oder sonstwie bemerkenswert erscheint: *Er ist noch nicht abgereist .! Vier Stunden hat er auf Hilfe warten müssen .!*

Der Imperativ soll auf den — vielleicht widerstrebenden — Willen des andern einwirken, daneben gibt es die Form des Behauptungssatzes mit Indikativ. Auf den Willen des andern wird keine Rücksicht genommen, weil dessen Widerstreben für den Redenden gar nicht in Betracht kommt: *Du wirst den Apfel schießen von dem Kopf des Knaben* Schiller, Tell, oder der Angeredete ist schon einverstanden: *Also du gehst jetzt auf die Bahn, (ich komme nach.)* Die Sache ist abgemacht, im ersten Fall für den Redenden, im zweiten auch für den Angeredeten.

Hier handelt es sich überall um umgefärbte Behauptungssätze, auch ihre Melodie ist etwas umgefärbt.

Nachsätze im Satzgefüge.

Frage- und Ausrufesätze in Stellung V*, S* und A* (sowie K*) verlangen nochmaligen Satzanfang als Nachsätze, ebenso Sätze der Umgangssprache wie *Kómmt da ein Mann... Wie ich aus dem Hause trete, wer kommt da daher? Wie ich aus dem Hause trete, wen sehe ich da? Wie ich aus dem Hause trete, kommt da nicht mein Freund N. daher? (Wie ich aus dem Hause trete und der Platzregen bricht los, ob ich da wohl noch fortgegangen bin!) Wie ich aus dem Hause trete, kómmt da ein Mann auf mich zu...*

Von den Wunschsätzen im Konjunktiv Imperfekt und Plusquamperfekt gibt es kaum Beispiele, sie erfolgen, so viel ich weiß, immer aus der vorliegenden Sachlage, höchstens kommen sie in Einschüben vor und stellen da einen neuen Satzanfang dar: *Ihr Sohn — müßte ich Ihnen das nicht mitteilen! — ist leider bedenklich erkrankt.*

Wunschsätze im Konjunktiv Präsens stellen im Nachsatz keinen neuen Satzanfang dar: *Wenn du in Gefahr kommst, so möge dich der Himmel beschützen!*

Nochmaligen Anfang habe ich bis jetzt nur bei solchen Imperativen gefunden, welche aufzufassen sind ähnlich wie *sagte er*... usw. + *Du selbst, Sibylle, vergiß das nicht, hast eine Scheidewand zwischen uns aufgerichtet* Frances Külpe. Möglich wäre auch: ...*das vergiß ja nicht*... Dagegen sonst erfolgt mit dem Imperativ als Nachsatz keine nochmalige Eröffnung. *Wenn du willst, dann geh mit mir!*

Die bisher nicht genannten Inhalte, die sonst Sätze in Stellung S* oder A* bilden, sind unter den gewöhnlichen Umständen als Nachsätze nur Satzstücke.

Es läßt sich hier ein Gesetz erkennen: Fragesätze und Sätze mit ausschließlicher lebendiger Form V* verlangen als Nachsätze nochmaligen Satzanfang; wo die Form V* nicht mehr lebendig ist — Wunschsätze im Konjunktiv Präsens — da folgen die Nachsätze der Analogie der gewöhnlichen Inhalte, die als Sätze in Stellung S* oder A* stehen und sind wie diese einfache Satzstücke. Der Imperativ bildet eine Übergangsstufe; der Imperativsatz und der Imperativnachsatz ist ja durch seine Form — gewöhnlich V ohne S — hinreichend gekennzeichnet, die Singularform ist von der Indikativform anderweitig unterschieden: *komm* : *kommst*, *sei* : *bist*. Dieser Unterschied genügt, um die Satzbedeutung erkennen zu lassen, vgl. *Wenn der Herr kommt, so führe ihn herauf zu mir* : *Wenn der Herr kommt, so führst du ihn herauf zu mir.* Steht die Höflichkeitsform *Sie*, so ist allerdings mit Ausnahme von *seien Sie* und *sind Sie* nur noch in der Melodie ein Unterschied.

Sonst ist die Wortstellungsform im Nachsatz zur Unterscheidung nötig, wo noch im Satze ein lebendiger Unterschied der Wortstellungsformen vorliegt; dem lebendigen Unterschied in den Wortstellungsformen entspricht ein solcher in der Melodie.

5. Scheidung von S* und A*.

Vgl. vor allem Ries S. 40 ff. 118 ff. Seine Forschungen haben auf meine Untersuchungen einen wesentlichen Einfluß ausgeübt. Dann Sütterlin S. 290, 293 f.

Die Hauptsätze, welche nicht durch das Verbum eröffnet werden, haben verschiedene Form, wenn ihre Obereinheiten nach der Funktion gleich sind, aber nicht dieselbe Stellung haben. Das tritt weniger hervor, wenn es sich um die Strecken nach der eröffnenden Obereinheit handelt — *Ich führte meinen Bruder gestern in die Gemäldegallerie* — *Ich führte gestern meinen Bruder in die Gemäldegallerie.* Mehr in die Augen springt der Unterschied, wenn dabei einmal diese ein anderesmal jene Obereinheit eröffnet, z. B.: *Ich will dich morgen besuchen* — *Morgen will ich dich besuchen.*

Dieser Verschiedenheit der Form entspricht eine Verschiedenheit der Satzbedeutung. In beiden Fällen handelt es sich um die Gliederung

Eröffnende Obereinheit in ihrer Funktion — übrige Masse; z. B. *Ich will dich morgen besuchen* gibt an, was *ich* morgen tun will, *Morgen will ich dich besuchen*, was *morgen* geschehen soll.

Nun ist die Frage:

1. Sind alle nichtverbalen Obereinheiten, was ihre Rolle als eröffnende Obereinheit betrifft, wesentlich gleich? — dann gibt es soviele Unterabteilungen des éinen nicht mit V beginnenden, einheitlichen Stellungstypus des Hauptsatzes als die Obereinheiten Funktionen haben. Diese Einheitlichkeit behauptet die Verbtheorie, vgl. Erdmann, Grundzüge der deutschen Syntax I, S. 183, von der Eröffnung des Satzes: "durchaus unrichtig ist es, wenn manche Grammatiker hier dem Subjektsnominativ besondern Anspruch auf die erste Stelle einräumen wollen; ebenso gut wie er kann jeder oblique Kasus, jede adverbiale oder prädikative Bestimmung vorantreten..., und zwar sowohl nachdrücklich betonte als ganz unwichtige, sowohl kurze als sehr umfangreiche Bestimmungen". Derselben Ansicht ist Braune S. 38f.

2. oder gibt es mehrere Haupttypen, wie die Inversionstheorie behauptet?

Wenn mehrere Haupttypen aufzustellen sind, so wird wahrscheinlich einer der gewöhnliche sein, die andre oder jede andre Form ist dann eine Nebenform.

Die reine Negation eröffnet fast gar nicht, ich kenne nur Fälle, wo sie sich an *und* unmittelbar anschließt, vgl. S. 41. *Mir trug sie durch diese Liebe eine Schuld ab ... und nicht kannst du jetzt ihren Willen verurteilen* Lingg. Man könnte an Einfluß des Lateins denken, aber ich habe auch schon in der Umgangssprache, wenn auch sehr selten Beispiele gehört wie: *Er hats versprochen und nicht ist er gekommen.*

Obereinheiten, die ihre Stellung nach dem satzverneinenden *nicht* haben — das Verbum, das ja im Nebensatz am Satzende steht, ausgenommen — eröffnen infolge ihrer Funktion selten und nur unter ganz bestimmten Bedingungen. Es sind das 1. die Nominalformen des Verbs mit dem etwaigen *zu*, 2. Obereinheiten, die mit dem Verbinhalt unfeste Zusammensetzungen eingehen, z. B. *abfahren, untergehen, schlittschuhlaufen,* Fälle wie *Davon kann keine Rede sein, Es wurden Vermessungen vorgenommen, Wir müssen Vermessungen vornehmen.* 3. Nominalprädikate, auch prädikative Attribute. Mit den unter 1. genannten Einheiten können Bestimmungen zu einer Obereinheit zusammentreten. — Solche Obereinheiten eröffnen 1. bei starker Hervorhebung: *Fahren will ich!* + *Einstürmt der Feind mit Brand und Mord* Uhland. *Wahr ists!* 2. wenn davon gewisse Aussagen gemacht werden, z. B. *Schlittschuhlaufen tu ich gern,* besonders bei Bejahung und Verneinung: *Schifahren kann ich nicht, aber Schlittschuhlaufen kann ich schon.*

Gewisse Obereinheiten eröffnen ziemlich häufig, infolge ihrer Form, nämlich die Sätze. Für sie gibt es ja im wesentlichen nur zwei Stellungen: Eröffnung oder Nachtrag.

Das unpersönliche *es* wie in Sätzen *Es reiten drei Reiter zum Tore hinaus* muß eröffnen, aber es liegt doch auch die Möglichkeit vor, eine andre Obereinheit eröffnen zu lassen: *Drei Reiter reiten zum Tore hinaus.*

Die Obereinheit des Fragepronomens muß dagegen eröffnen, andere Eröffnung ist sehr selten, und analogisch bedingt durch unmittelbar vorhergehendes Beispiel: *Dann kam Herr . . . / Dann kam wer?*

Mit Ausnahme jenes *es* geht durch alle diese Fälle der Unterschied Subjekt — andre Bestimmungen durch.

Die Wortfragen kommen somit für diese Frage gar nicht in Betracht, die übrigen eben erwähnten Fälle sind vorläufig beiseite zu stellen.

Wir treffen da:

1. gewisse rhythmische Formen des Satzes [1], deren Auswahl in gewissen Grenzen dem Einzelnen überlassen ist; der eine stellt z. B. Hebungen erster Ordnung gern an den Anfang, andere, z. B. ich, bringen gewöhnlich solche Hebungen erst etwas später im Satz. Daher kommen dann Stellungen wie: *Die Folge war ein allgemeines Gelächter,* wo *Die Folge* nominales Prädikat ist, das an sich nur selten eröffnet — diese Funktion tritt deutlicher hervor in der Stellung *Ein allgemeines Gelächter war die Folge.*

2. mancherlei psychologische Gesetze, vgl. PBB. 35 S. 522, vor allem die Eröffnung des Satzes durch Inhalte, die 1. schon vorher erwähnt sind oder 2. unmittelbar vorliegen, 1. *Endlich fand ich eine schattige Stelle, da setzte ich mich nieder.* *Hier wollen wir uns niederlassen.*

Anmerkung. Diese Gesetze wirken natürlich auch in den vorläufig beiseite gestellten Sätzen, sind aber dort nicht so deutlich zu erkennen.

---

[1]) PBB. 35, 520 ff. noch nicht erwähnt.

Wäre nun die Wortstellung nur von solchen rhythmischen und psychologischen Gesetzen abhängig, dann freilich hätte Erdmann mit seiner Behauptung vollständig recht, und es läge kein Grund vor, innerhalb der Behauptungssätze verschiedene Typen zu scheiden.

Aber für die Ordnung der Obereinheiten, namentlich für die Auswahl der eröffnenden, gibt es auch rein grammatische Gesetze. Wir wollen nicht immer erzählen, daß *jemand* etwas tat, erlebte usw. — *er schrieb einen Brief, er wurde verwundet, er war unwohl* — oder gerade von *dem Ding* etwas aussagen: *Das weiß ich schon lang,* wir wollen auch nicht immer an *bestimmte Umstände* anknüpfen: *Damals war ich noch ganz klein,* sondern es gibt Fälle, wo wir einfach berichten wollen, *was vorfiel* oder *daß etwas vorfiel.* Die Gliederung die sich in diesen Sätzen zeigt, die natürlich durch nichts anderes beeinflußt sein darf, ist die rein grammatische, und sie verlangt die Eröffnung durch das Subjekt, und nur diese éine Form. Sätze wie *Es reiten Reiter zum Tore hinaus* enthalten, vgl. S. 32 Anmerkung, geben schon etwas mehr als diese einfach tatsächliche Feststellung.

Dergleichen tatsächliche Berichte finden sich vor allem in Sätzen, die ganz für sich allein stehen, nach meinem Sprachgefühl sind nur Sätze, die mit dem Subjekt beginnen, erlaubt in Übersichten, welche neue wichtige Ereignisse bringen, oder alte wichtige wieder auffrischen, soweit diese bestimmten Inhalt haben, etwa: *Neujahrsnacht 1813 auf 1814. Blücher überschreitet den Rhein bei Caub.*

Man kann freilich auch hier Satzformen lesen wie die folgenden: *(1813.) In der Neujahrsnacht überschreitet Blücher den Rhein bei Caub. Bei Caub überschreitet Blücher den Rhein.* Solche Satzformen weisen uns immer auf Inhalte mit andern Zeit- und Ortsbestimmungen hin, für alleinstehende Sätze sind diese Satzformen daher einfach falsch, durch ein unrichtiges stilistisches Verlangen nach 'Abwechslung' hervorgerufen.

In gewissen Fällen knüpft wohl auch die Meldung an gewisse Umstandsbestimmungen an, z. B. *Soeben wurde der Durchstich des Panamakanals vollzogen. In München wurden heute drei leichte Erdstöße verspürt,* wahrscheinlich handelt es sich da vor allem um Subjekte, welche Vorgänge bezeichnen.

Dergleichen nur feststellende Sätze sind auch in der Umgangssprache gebräuchlich: *Die Herrschaften sind eben aus-*

gegangen; (vorausgehendes: *die Herrschaften werden sehr bedauern* ist Formel).

Wahrscheinlich zeigt sich diese Tatsächlichkeit besonders in nachgestellten abhängigen Hauptsätzen, wie *Ich glaube, ich habe mich gestern erkältet,* vgl., wenn der Satz im abhängigen Konjunktiv steht: *Er glaubt, er habe sich gestern erkältet.* S. die Tabellen S. 58 unten.

Sätze wie *Es reiten drei Reiter zum Tore hinaus* geben das Tatsächliche nicht so rein, vgl. S. 32 Anmerkung.

Hier zeigt sich ein gewisser Vorrang des grammatischen Subjekts vor allen andern Obereinheiten des Hauptsatzes, die nicht Verb sind. Das Subjekt ist ja fast in jedem Satze enthalten, während der Bestand an Obereinheiten mit andern Funktionen sehr wechselt. — Die psychologische Gliederung des Satzes läßt diesen gewöhnlich mit dem Psychologischen Subjekt beginnen, die grammatische ganz entsprechend mit dem grammatischen Subjekt.

Indessen ist diese Satzbedeutung nicht sehr häufig und kann auch z. T. anders gedeutet werden; z. B. alle jene tatsächlichen Berichte könnten gefaßt werden als Berichte über berühmte Personen, auch daraus würde sich die Eröffnung mit dem Subjekt erklären.

Außer diesem unmittelbaren Beweis gibt es aber nun eine Reihe mittelbarer, die umso überzeugender dafür sprechen, daß das Subjekt tatsächlich einen Vorrang vor den übrigen Satzteilen hat.

Zunächst sind uns Sätze, die nur berichten, vollständig klar wie *Karl hat Hans das Buch noch nicht zurückgegeben; Die Türken bedrängen die Bulgaren;* Dativobjekt im ersten Satz, Akkusativobjekt im zweiten ist der zweite Bestandteil, das wissen wir bloß deshalb, weil in solchen Fällen die Stellung Subjekt . . . Objekt . . . fest ist.

Behaghel hat IF. 14, 439 f. auf die Fortsetzung der Sätze verschiedener Wortstellungsformen durch einen beigeordneten Satz oder durch ein beigeordnetes Satzstück hingewiesen, z. B. *Dann erhob er sich und ging fort.* In dem Satzstück *ging fort* wird das Subjekt erspart, und zwar wirkt es aus dem Vorangehenden nach. Wollen wir es einsetzen, so können wir ihm seinen Platz nur vor dem Verb *ging* geben; *ging fort* ist also ein Satzstück eines Satzes der Form S*.

In dem Satz *Gestern spielten sie und sangen sie* wirkt *gestern* nach, entsprechend wie im vorigen Satze *er*, also ein A und zwar auch wieder vor dem Verb *sangen*. *sangen sie* ist also ein Satzstück eines Satzes der Form A*.

Ein Satzstück eines Satzes der Form A* kann nur auf einen Satz der Form A* folgen. Z. B. *Gestern spielten sie und sangen sie.* Die Form der ganzen Einheit ist diejenige éiner eröffnenden Obereinheit und mehrerer dazu gehöriger Satzstücke. Es können auch mehr als zwei sein. Die Satzstücke müssen nach meinen Beobachtungen in einem gewissen Bedeutungsverhältnis stehen, namentlich dem der Ähnlichkeit, vielfach sind sie einander in der Form und in dem Bestand der Obereinheiten nach Bedeutung, Form, Funktion sehr ähnlich oder sogar gleich, soweit möglich. Das Gewöhnliche nach A*sätzen ist dagegen nach Behaghel die Fortsetzung mit einem Satzstück eines Satzes der Form S*: *gestern spielten sie und sangen.* In dem Roman Pitt und Fox von Friedrich Huch fand ich

Gewöhnliche		Seltenere
	Fortsetzung	
291 = 97 %		9 = 3 %

Die seltenere liest man heutzutage verhältnismäßig häufig, namentlich unter dem Strich, es wird das schon zur Manier.

Dagegen gibt es nur die Fortsetzung mit nachwirkendem S, nicht die mit nachwirkendem A nach Sätzen der Formen S*: *Er erhob sich und ging fort.* V*: *Kommen Sie öfters nach Leipzig und hören dort Konzerte? Wäre ich in Not und wüßte mir nicht zu helfen, so dürfte ich nur zu dir gehen.* K*: *Wenn einer so viel für jemand tut und erntet bloß Undank, so wird er leicht mißtrauisch.*

Wäre der Satzanfang mit dem Subjekt einer von vielen gleichberechtigten, so wäre es nicht verständlich, warum gerade S in einer Reihe von Fällen allein nachwirkt, und weshalb seine Nachwirkung nach A*sätzen das Natürliche ist und die Nachwirkung des eröffnenden A so selten und bloß unter bestimmten Umständen möglich ist. Die Beziehung des Subjekts zum folgenden Satzstück wird als die gewöhnliche ständige gefühlt, vom Sprechenden wie vom Hörenden, deshalb auch besonders leicht festgehalten.

Gehen wir auf gewisse unregelmäßige Satzanfänge über, Fälle wie der von Paul erwähnte: *Ein Eichkranz ewig jungbelaubt*, *den setzt die Nachwelt ihm aufs Haupt* Prinzipien[4] 285f. Ein Anfang mit dem Subjekt wird durch einen neuen, hier mit demselben Inhalt, aber in anderer Funktion, ersetzt, die Bedeutung des Inhalts wird wiederholt. Ich kenne nun aus der Umgangssprache nicht bloß Formen wie *der Karl, den hat er sehr gern,* sondern auch solche wie *dem Karl, der hat schon so viel geschenkt bekommen von ihm,* und *dem Karl, an den schreibt er so hie und da.* Diese drei Formen erklären mir die Entstehung dieses nochmaligen Anfangs: Zuerst fängt der Redende aufs Geratewohl mit einem Satzteil an; was er sagen will, weiß er, nur ist ihm der Wortlaut noch nicht klar. Er kann aber nicht immer so fortfahren, wie es der ursprüngliche Satzanfang verlangt, namentlich nicht in der Umgangssprache, die nicht zu viele Wendungen hat. Daher der nochmalige Anfang, vielleicht noch ein dritter, vierter.

Nun ist der vorläufige Anfang mit dem (grammatischen) Subjekt nach meinen Erfahrungen weitaus der häufigste, deshalb auch der einzige meines Wissens bekannte. Das liegt m. E. darin: Der Anfang mit dem Subjekt ist der gewöhnliche, liegt daher am nächsten, gibt aber eben damit die Möglichkeit des sichern Fortfahrens weit weniger als die Anfänge mit A. Also eine doppelte Ursache für besondere Häufigkeit des unsichern Anfangs mit dem Subjekt, daher auch starkes Überwiegen des Anfangs *der Karl den* ... gegenüber den andern ungewöhnlichen.

Auch im Satzinnern gibt es verschiedene Gesetze für die Stellung der Obereinheiten, dasjenige der grammatischen Funktion scheint hier am wirksamsten zu sein. Wir erkennen es namentlich in der Zusammenstellung möglichst gleichschwachbetonter Obereinheiten wie *er ihn, er sich, er mir, ich dir*, *ich ihn* usw. Meines Wissens steht in solchen Fällen das Subjekt immer voran. Und auch sonst geht das Subjekt im Satzinnern allen andern Obereinheiten voran, wenn nur die grammatische Funktion die Wortstellung bestimmt. Das ist aber gerade im Satzinnern das Gewöhnliche.

Aus alle dem ergibt sich ein deutlicher Vorrang des Subjekts vor allen anderen Satzteilen des Hauptsatzes, das Verbum hier bei Seite gelassen, gerade im Sinne der Wortstellung. Dieser Vorrang hat mit Ausnahme des letzten Falls vom Satzinnern mit dem Satzanfang[1]) zu tun, die Gestaltung

[1]) Diesen Schluß zieht auch Behaghel a. a. O.

des Satzinnern läßt aber auch auf die Verhältnisse schließen, die bei der Satzeröffnung gelten. Gerade die mittelbaren Beweise sind besonders wertvoll, denn sie zeigen uns Fälle, die dem Belieben der Einzelnen mehr entrückt sind als der tatsächliche Satzanfang.

Damit ist aber noch nicht erwiesen, daß zwei Typen, S* und A*, aufzustellen sind. Den Ausschlag gibt nach Ries in diesem Fall die Verteilung der mit S beginnenden und der übrigen Behauptungssätze in Hauptsatzform. Das Subjekt müßte nach der mathematischen Wahrscheinlichkeitsrechnung eröffnen in etwa 30—40 % [1]). Sobald der Durchschnitt der Fälle für das eröffnende Subjekt 50 % erreicht, ist m. E. nachgewiesen, daß zwei Typen S* und A* anzusetzen sind. Wenn dagegen nur éin Typus anzusetzen ist, so darf die Häufigkeit der Eröffnung mit dem Subjekt die Wahrscheinlichkeitszahl höchstens wenig übersteigen, sie wird dann vielleicht sogar etwas darunter stehen.

Bemerkung zu den folgenden Tabellen.

Nichtgerechnet sind für beide Tabellen
Gedichte innerhalb der Prosa;
Angezogene Sätze und noch größere Einheiten fremder Personen oder desselben Schriftstellers, aber die vom Schriftsteller selbst geformten Reden seiner Personen zählen mit.
Formeln wie *versteht sich*.
Ausgeschieden sind für die Frage der Eröffnung
Wortfragen der gewöhnlichen Form wie *Wer hats dir gesagt, Was meinst du* und entsprechende Ausrufe, weil hier S oder A eröffnen muß,
ungewöhnlich seltene Formen; ihre Berücksichtigung hätte die hier gegebenen Zahlen kaum verändert, sie wären aber auch schwierig einzuordnen gewesen:
Sätze und Satzgefüge mit mehrfacher Eröffnung, und ihre Teile, z. B. *Wenn ich fern von hier bin, wer wird dann meiner gedenken?*
Sätze ohne Verb.
Abgetrennt habe ich alle Satzgefüge mit eröffnendem Satz; die Satzgefüge enthalten sehr wenige Subjekte als Obereinheiten, geben somit ein ganz anderes Bild. Ich habe auch Raumes halber die Berechnungen nicht verwendet. Dagegen

[1]) Nur für ein paar Fälle berechnet.

sind Satzgefüge mitgerechnet, in denen kein Satz eröffnet; darunter auch solche mit Sätzen als Obereinheiten, die als Sätze nicht berücksichtigt werden konnten.

Sätze der Form (S)* und (A)* wurden mitgerechnet.

Auf der Seite von S* wurden Sätze mitgerechnet wie *Er lachte, es regnet,* die nur Subjekt und Verb enthalten, auf der Seite von A* solche mit *es* wie *Es reiten drei Reiter zum Tore hinaus* und solche wie *Mich friert* ohne Subjekt. Man könnte namentlich Sätze wie *Er lachte* ausscheiden; aber sie gehören zu der ganzen Masse, welche die Analogie ausübt und dürfen daher nicht wegbleiben.

Statt der Sätze wie *Mich friert* könnten ja solche gebildet werden wie *Es friert mich,* statt solcher wie *Es reiten drei Reiter zum Tore hinaus* solche wie *Drei Reiter reiten zum Tore hinaus.*

Subjekt und Prädikatssubstantiv waren nicht immer leicht zu scheiden. Ich glaube, daß weit die Mehrzahl der Fälle, wo ich gegen die gewöhnliche Ansicht entschieden habe, dem Typus A* zugute gekommen ist.

Auch die Stellung des Subjekts im Innern von Sätzen und Satzgefügen wurde vergleichsweise untersucht. Hier kamen natürlich nur Sätze der Stellungen A*V*K* in Betracht, diese mit Ausnahme der von ᴷS eröffneten;

es fallen weg

Sätze ohne S im Satzinnern, wie *Mich friert, Geh her!*

Untersucht wurden dagegen auch

Satzgefüge mit eröffnendem Satz

das zweite, dritte ... Satzstück von Gebilden wie *Gestern spielten sie und sangen sie, wenn er heimkommt und niemand da ist* ...

Wortfragen der Form A*

die zweite Eröffnung, wenn sie nicht in der Form S* ist oder nicht von ᴷS eröffnet wird.

Anmerkung. Meine Zahlen weichen sehr ab von denen, welche Jespersens Schüler gefunden haben, nach Jespersen, Growth and Structure of the English Language, S. 12. Aus den Angaben von Jespersen ist nicht zu ersehen, welche Fälle seine Schüler einbezogen, welche sie ausgeschieden haben. Wahrscheinlich haben sie alle Arten von Sätzen, mindestens von Hauptsätzen, gezählt. Die Angabe von 31 % S* für einen deutschen Erzähler, Tovote, erscheint mir nur so überhaupt wahrscheinlich, aber eben deswegen unbrauchbar.

Tabellen.

1. Schriftliches.

1. Berichte über Entwicklung von Betrieben.

Fünfundsiebzig Jahre George Westermann Braunschweig 1913: Die Gründung und Entwicklung der technischen Betriebe.

S* 131 = 34 · 65%		S nicht nach A[1])	279 = 64 · 88%
A* 247 = 65 · 35%		S nach A[1])	151 = 35 · 12%

2. Wissenschaftliche Abhandlungen.

Marty, Die logische, lokalistische und andere Kasustheorien.

S* 570 = 48 · 68%		S nicht nach A	1947 = 78 · 70%
A* 601 = 51 · 32%		S nach A	527 = 21 · 30%

Hermann Paul, Die Bedeutung der deutschen Philologie für das Leben der Gegenwart, Akademierede, 15. November 1897.

S* 107 = 53 · 50%		S nicht nach A	256 = 76 · 65%
A* 93 = 46 · 50%		S nach A	78 = 23 · 35%

Vgl. Vorlesungen.

3. Artikel der Frankfurter Zeitung, Februar 1912.

25 Leitartikel.

S* 686 = 57 · 65%		S nicht nach A	1076 = 77 · 13%
A* 504 = 42 · 35%		S nach A	319 = 22 · 87%

In 6 überwiegt A*

S* 101 = 41 · 91%		S nicht nach A	233 = 71 · 91%
A* 140 = 58 · 09%		S nach A	91 = 28 · 09%

In 19 überwiegt S*

S* 585 = 61 · 64%		S nicht nach A	843 = 78 · 71%
A* 364 = 38 · 36%		S nach A	228 = 21 · 29%

---

[1]) im Satzinnern.

25 kleinere politische Artikel.

S*	156 = 64·46%	S nicht nach A	199 = 74·81%
A*	86 = 35·54%	S nach A	67 = 25·19%

In 2 ist S* = A*

S*	3 = 50%	S nicht nach A	16 = 88·89%
A*	3 = 50%	S nach A	2 = 11·11%

In 6 überwiegt A*

S*	27 = 37·50%	S nicht nach A	80 = 73·39%
A*	45 = 62·50%	S nach A	29 = 26·61%

In 17 überwiegt S*

S*	126 = 76·83%	S nicht nach A	103 = 74·10%
A*	38 = 23·17%	S nach A	36 = 25·90%

4. Briefe.

Richard Wagner an Mathilde Wesendonck, 3. Auflage. 1—90.

S*	812 = 52·62%	S nicht nach A	1558 = 87·48%
A*	731 = 47·38%	S nach A	223 = 12·52%

In 15 ist S* = A*

S*	64 = 50%	S nicht nach A	134 = 88·16%
A*	64 = 50%	S nach A	18 = 11·84%

In 24 überwiegt A*

S*	246 = 43·93%	S nicht nach A	640 = 89·01%
A*	314 = 56·07%	S nach A	79 = 10·99%

In den übrigen überwiegt S*

S*	502 = 58·63%	S nicht nach A	784 = 86·15%
A*	357 = 41·37%	S nach A	126 = 13·85%

5. Erzählungen.

Friedrich Huch, Geschwister, Roman.

S*	2707 = 65·43%	S nicht nach A	3375 = 92·26%
A*	1430 = 34·57%	S nach A	283 = 7·74%

Ein einziger nachstehender Satz im Satzgefüge mit

Modus des unabhängigen Satzes	abhängigem Konjunktiv
Ich glaube, Sie haben Recht	*Ich glaubte, Sie seien im Recht*
S* 52 = 85·25%	S* 58 = 89·23%
A* 9 = 14·75%	A* 7 = 10·77%

Obereinheiten mit Bedeutung von Personen:

S		A	
eröffnend	1715 = 68·57%	eröffnend	111 = 13·75%
nicht eröffnend	786 = 31·43%	nicht eröffnend	696 = 86·25%

Frances Külpe.

Der Stein des Pietro.

S*	154 = 46·67%	S nicht nach A	255 = 90·11%
A*	176 = 53·33%	S nach A	28 = 9·89%
Umstandsbestimmungen	108 = 32·73%	—	
Zeitbestimmungen	50 = 15·15%	—	

Der Silbergarten.

S*	909 = 64·56%	S nicht nach A	1204 = 92·26%
A*	499 = 35·44%	S nach A	101 = 7·74%

Vgl. die Wahrscheinlichkeitsrechnung.

6. Schauspiel.

Max Halbe, Die Insel der Seligen, Komödie.

S*	1175 = 70·28%	S nicht nach A	1224 = 94·08%
A*	497 = 29·72%	S nach A	77 = 5·92%

Gerhart Hauptmann, Gabriel Schillings Flucht, Trauerspiel.

S*	890 = 73·13%	S nicht nach A	988 = 92·34%
A*	327 = 26·87%	S nach A	82 = 7·66%

2. Mündliches.

1. Je 3 Vorlesungen von Freiburger Dozenten (Germanisten).

G.		S.	
S*	467 = 54·11%	S*	486 = 60·98%
A*	396 = 45·89%	A*	311 = 39·02%

Sch.		K.	
S*	534 = 61·52%	S*	634 = 68·91%
A*	334 = 38·48%	A*	286 = 31·09%

2. Reden.

Fürst Bismarck als Redner, Kollektion Spemann, die ersten 25 Reden des ersten Bandes.

In allen überwiegt S*

S*	755 = 67·65%	S nicht nach A	1561 = 83·98%
A*	361 = 32·35%	S nach A	305 = 16·02%

Wahrscheinlichkeitsrechnung.

Tatsächlicher Wert voraus, wahrscheinlicher in Klammern.

Eröffnung.

(Hier kein Satzgefüge.)

Külpe.

	Der Stein des Pietro.				Der Silbergarten.			
1[1])	2	(2)	—	(—)	54	(54)	—	(—)
2	51	(32)	14	(33)	299	(164)	30	(165)
3	59	(42)	68	(85)	281	(143)	147	(285)
4	28	(20)	52	(60)	199	(78)	115	(236)
5	11	(7)	26	(30)	60	(26)	68	(102)
6	1	(1)	3	(3)	10	(5)	21	(26)
7	—	(—)	2	(2)	1	(—)	2	(3)
8	—	(—)	—	(—)	—	(—)	1	(1)
	152	(105)	165	(212)	904	(471)	384	(817)

		1—8	2—8	1—8	2—8
Tatsächlich	S*	152 = 47·95%	150 = 47·62%	904 = 70·19%	850 = 68·88%
	A*	165 = 52·05%	165 = 52·38%	384 = 29·81%	384 = 31·12%
Wahrscheinlich	S*	105 = 33·12%	103 = 32·70%	471 = 36·57%	417 = 33·79%
	A*	212 = 66·88%	212 = 67·30%	817 = 63·43%	817 = 66·21%
Differenz zu Gunsten von S*		14·83%	14·92%	33·62%	35·09%

Satzinneres.

	S nicht nach A		S nach A		S nicht nach A		S nach A	
1[2])	104	(104)	—	(—)	407	(407)	—	(—)
2	106	(61)	16	(61)	535	(295)	56	(296)
3	32	(15)	12	(29)	199	(77)	33 + 1[3])	(156)
4	12	(3)	—	(9)	54	(16)	10	(48)
5	1	(—)	—	(1)	8	(2)	1	(7)
6	—	(—)	—	(—)	—	(—)	—	(—)
7	—	(—)	—	(—)	1	(—)	—	(1)
	255	(183)	28	(100)	1204	(798)	101	(507)

	1—7	2—7	1—7	2—7
Tatsächlich:				
S nicht nach A	255 = 90·11%	151 = 84·36%	1204 = 92·26%	797 = 88·85%
S nach A	28 = 9·89%	28 = 15·64%	101 = 7·74%	100 = 11·15%
Wahrscheinlich:				
S nicht nach A	183 = 64·66%	79 = 44·13%	798 = 61·15%	391 = 43·58%
S nach A	100 = 35·34%	100 = 55·87%	507 = 38·85%	506 = 56·42%
Differenz zu Gunsten von S	25·45%	40·23%	31·11%	45·27%

[1]) Zahl der Obereinheiten ohne V, die eröffnen können.

[2]) Zahl der Obereinheiten, die in Betracht kommen.

[3]) Ohne Subjekt, dieser Satz fällt daher in 2—7 weg.

Bemerkungen zu den Tabellen.

Die vorliegenden Zahlen haben zunächst nur den Wert von Stichproben. Doch läßt sich schon aus derartigen Stichproben mancher Aufschluß über die heutigen Verhältnisse gewinnen.

Je kleiner die Denkmäler, desto zufälliger, also auch desto wertloser die Zahlen. In R. Wagners Briefen kommen wiederholt Zahlenverteilungen von S* und A* vor wie: 1 : 0, 0 : 1; 4 : 2, 2 : 5. Hier Prozente auszurechnen und daran Betrachtungen zu knüpfen hat keinen Sinn.

Umgekehrt: Je umfänglicher das Denkmal, desto mehr werden sich die einzelnen Zufälligkeiten gegenseitig aufheben, desto eher werden sie in der großen Masse verschwinden, wenn sie sich nicht ausgleichen.

Die Zufälligkeit der Zahlenverteilung in kleinen Denkmälern kann nun einigermaßen dadurch beseitigt werden, daß man eine größere Anzahl von ihnen zusammenwirft. Eine Summe kleiner Einheiten ist freilich etwas ganz anderes als eine große Einheit. Aber es ist auch in einzelnen Teilen des großen Werkes z. T. eine ähnliche Verschiedenheit in der Verteilung der Wortstellungsformen zu bemerken wie etwa in verschiedenen Briefen. Und schließlich haben wir kein anderes Mittel um die Zufälligkeiten der kleinen Denkmäler auszugleichen. — Bei einer solchen Zusammenfassung ist dann zu berücksichtigen, in wievielen Einzeldenkmälern S*, in wievielen A* überwiegt, hier z. B. über 50 mit überwiegendem S*, 24 mit überwiegendem A*. Endlich ist die Frage, ob in der Gesamtzahl S* oder A* überwiegt: S* mit 52,62 %.

Das Zufällige würde den Prozentzahlen genommen, wenn man sie auf Zahlen auf- oder abrundete, die durch 5 teilbar sind, um das Typische der Prozentzahlen zu erkennen. Dadurch würden aber wieder feinere Unterschiede verwischt.

Bei einem Verfasser lassen sich z. T. verschiedene Stilarten erkennen, z. B. bei Goethe: S* in Erwin und Elmire, Prosa, 75,56 %, in Iphigenie auf Tauris[1]), erste Fassung 55,78 %, letzte Fassung 52,18 %. Werther als Ganzes hat 74,49 % S*, einzelne Strecken der Ossianübersetzung haben eine ähnlich niedrige Prozentzahl wie Iphigenie; nur ist hier die Grenze schwer zu ziehen zwischen Strecken mit der Verteilung der Wortstellungsformen wie sie sonst im Werther herrscht und den andern.

---

[1]) Blankverse und ungereimte Trochäervierer scheinen der Prosa, was Wortstellung betrifft, am nächsten zu stehen.

Die Vergleichung mehrerer unter sich abweichender Werke eines Verfassers mit Werken anderer Verfasser läßt unter Umständen darauf schließen, was Eigentümlichkeit des einzelnen Verfassers ist, was der ganzen Stilgattung angehört. Die gewöhnliche Prozentzahl für S* bewegt sich in der Erzählung um 65 %, somit ist Goethes Werther mit seinen rund 74 %, Külpes Stein des Pietro mit rund 47 % persönlich gefärbt; die Wahlverwandtschaften mit etwa 66 %, der Silbergarten mit etwa 65 % haben den Zahlenwert der Gattung. Daß mit 65 % ein Gattungswert vorliegt, wird auch dadurch bewiesen, daß die persönlichen Werte 74 und 47 sowohl nach oben wie nach unten abweichen.

Nicht alle Darstellungsarten haben einen derartig ausgeprägten Zahlenwert; am ehesten wohl die wissenschaftliche Abhandlung — S* ungefähr 50 %; weniger fest sind dagegen die Schauspiele, wo ich in Prosaschauspielen Schwankungen von rund 75 % bis 65 % gefunden habe, und die Briefe. Die Briefe von Keller an Storm und Storm an Keller haben je 55 % S*; die von Mörike und Hebbel, soweit ich sie nachgesehen habe, haben 56 bez. 64 % S*.

Z. T. lassen sich Untergattungen aufstellen, deren Prozentzahlen sich genauer angeben lassen, z. B. für die wissenschaftliche Abhandlung, s. gleich unten.

Alle diese Verteilungen der Prozentzahlen auf verschiedene Gattungen, ihr geringeres und größeres Schwanken, sind auch innerlich begründet. Es ist hier ein logischer Unterschied psychologisch wirksam; in der Kernbedeutung gewisser Obereinheiten überwiegt der Gegenstand — Person, Ding —, in andern die Beziehung — z. B. zeitliche, örtliche, ursächliche.

In gewissen Stilgattungen — Schauspiel, Erzählung, wohl auch Beschreibung — überwiegt der Gegenstand; in wissenschaftlichen Werken spielen bald Gegenstände, bald Beziehungen die Hauptrolle, ähnlich ist es in Abhandlungen. Darstellungen von Entwicklungen haben es sehr viel mit Beziehungen zu tun. Im Brief herrscht Mannigfaltigkeit.

Es ist nun sehr naheliegend, daß der Satz mit der Obereinheit eröffnet wird, welche jenen Gegenstand, jene Beziehung bedeutet. Wo der Gegenstand überwiegt, z. B. in Erzählungen, da müssen wir eröffnende Obereinheiten mit der Bedeutung von Gegenständen, besonders Personen, ziemlich häufig finden — also die Funktionen S und A, vor allem S, denn die A sind hier an sich nicht so häufig; in solchen, wo Beziehungen stark hervortreten, wird A in der Eröffnung eine größere Rolle spielen, z. B. in Berichten über Entwicklung. Damit kommen wir wieder ungefähr auf die erwähnten Gattungswerte.

Dann: Je höher die Zahl der Obereinheiten im Satz, desto erwünschter die Anknüpfung an einen solchen Gegenstands- oder Beziehungsinhalt; die typische Satzform S* tritt damit immer mehr zurück; man sieht das daran, daß mit der Zahl der Obereinheiten auch die Prozentzahl der eröffnenden A wächst. Längere Sätze werden vor allem in Abhandlungen und Berichten gebaut, daher neigen diese Stilgattungen mehr zur Form A* als andere. Längere Sätze und häufigere Form A* hat auch der künstliche Stil im Gegensatz zum natürlichen. Auch dadurch kommen wir wieder auf die vorliegenden Werte.

Einen weitern Anhaltspunkt gibt uns das Satzinnere. Mit der Prozentzahl von S* steigt und fällt im allgemeinen die Zahl der S im Satzinnern, denen kein A vorangeht.

Die S-Zahl im Satzinnern ist für den Stein des Pietro nur wenig geringer als im Silbergarten, beide haben den hohen Gattungswert, auch das stimmt dafür, daß die hohe Zahl der eröffnenden S im Silbergarten den Gattungswert, die niedere im Stein des Pietro den persönlichen Wert gibt.

Bezeichnend ist auch die hohe Zahl für S im Satzinnern der Briefe, sie ist höher als die der Abhandlungen, demnach nehmen die Briefe, was Bevorzugung von S betrifft, einen höheren Rang ein, als die Abhandlungen.

Leider sind die Zahlen fürs Satzinnere auch in den einzelnen Satzformen im einzelnen nicht leicht zu deuten; hier spielen namentlich rhythmische Einflüsse mit, z. T. spielt auch hier die Zahl der Obereinheiten eine entsprechende Rolle wie für die Frage der Eröffnung.

Von besonderer Wichtigkeit wäre es festzustellen wie die Verhältnisse in der Umgangssprache liegen, welche Schriftgattungen diese Verhältnisse getreu, welche sie mehr, welche sie minder getreu wiederspiegeln und welche von ihnen abweichen, wie sich da die einzelnen Schriftsteller verhalten, auch in ihren verschiedenen Stilarten. Leider konnte ich keine Aufnahmen aus der Umgangssprache machen. Nicht bloß die Leute, welche Mundart sprechen, sondern wohl noch mehr die meisten Gebildeten, welche die Gemeinsprache reden, sehen in solchen

Beobachtungen eine Jagd nach grammatischen Schnitzern — nebenbei gesagt, ein schlimmes Zeichen für den durchschnittlichen Stand der wissenschaftlichen sprachlichen Bildung unserer Gebildeten. Unbefangenheit des Beobachteten ist in solchen Fällen nicht mehr zu erwarten. Um so dankbarer bin ich den Herren Freiburger Dozenten für ihre Bereitwilligkeit. Alle trugen frei vor, ihre Redeweise war also der Umgangssprache wenigstens angenähert. In keiner Vorlesung von diesen 12 erreichte A* den Wert 50 %.

Die Berichte und die Abhandlungen weichen offenbar von der Umgangssprache am meisten ab, derartige Stoffe werden in der Umgangssprache am wenigsten behandelt. Erzählungen und vor allem natürlich prosaische Schauspiele geben als Gattung die Verhältnisse der natürlichen Rede ziemlich genau wieder; leider haben wir hier nur eine besondere Art der Rede, wenn auch eine ziemlich häufige. Am besten eignen sich wohl die Briefe.

Damit rücken für diese Betrachtung die Gattungen in den Hintergrund, in denen S* einen geringeren Gattungswert als 50 % hat, und die Gattungen, in denen S* überwiegt, treten in den Vordergrund. Auch das Sprachgefühl bestätigt diese Annahme, und es gibt den Ausschlag auch bei den verschiedenen Stilgattungen éines Verfassers. Die Werke mit geringerer Prozentzahl für S*, z. B. Iphigenie, Der Stein des Pietro, wirken gerade durch diese niedere Prozentzahl ungewöhnlich — darauf beruht ja zum Teil die Wirkung, die von Werken wie Iphigenie ausgeht. Dagegen machen die hohen Prozentzahlen für S* in Erwin und Elmire sowie im Werther keinen ungewöhnlichen Eindruck. Vielleicht, kann man daher sagen, ist schon die Verteilung von S* und A* in unsern Erzählungen — 65 : 35 oder 13 : 7 — etwas durch die Kunst zugunsten von A* beeinflußt. Wahrscheinlich wird das bestätigt durch Friedrich Huchs Träume, Berlin, S. Fischer, 1904, die einfach sachgetreue, sofortige Mitteilungen des Erlebten, nicht literarische Gebilde sein wollen. Sie enthalten 676 = 67,6 % S*, 324 = 32,4 % A*, etwas mehr S* also als die Geschwister mit 65,43 %. Beachtet man nur den jeweils ersten Satz dieser 100 Träume, so findet man 94 % S*, 6 % A*, unter den S* 85 Anfänge mit *Ich*, einen *Meine Schwester L. und ich*, 2 mit andern Personen als *ich*, unter den A* 3 Anfänge mit erster Person, nämlich 1 *Vor mir*, 2 *Um mich herum*, sonst keine Personen. — Von den

Vorlesungen der Freiburger Dozenten weisen gerade die Vorlesungen von Geh. Hofrat Kluge die höchste Prozentzahl auf — zum Teil über 70 % — weil er vollkommen frei spricht. Doch gebe ich gern zu, daß da auch die einzelnen Sprechenden verschieden sind. Wer gewöhnlich mit einer starkbetonten Obereinheit einsetzt, wie Professor Götze — vielleicht ist das nicht bloß in Vorträgen der Fall — der neigt mehr zu A* als jemand, der gewöhnlich die erste höchstbetonte Silbe erst einer spätern Obereinheit zuteilt.

Besteht ein Vorrang des Subjekts im Sinne der Wortstellung nach der Funktion?

Zunächst eine Einzelheit. Man sollte meinen, alle persönlichen Inhalte, S wie A, hätten an sich gleiche Berechtigung in Erzählungen zu eröffnen, denn die Erzählung hat es vor allem mit dem zu tun, was die Personen erleben. Nun aber ist von diesen Inhalten in Friedrich Huchs Geschwistern eröffnendes S unter allen S vertreten mit 68,57 %, eröffnendes A unter allen A mit 13,75 %, d. h. persönliches S eröffnet also in diesem Denkmal 4,985 mal, d. h. ziemlich genau fünfmal so häufig als persönliches A.

Tatsächlich eröffnet persönliches A auch sonst selten. Der Grund hiefür kann nur in der Funktion liegen, diese begünstigt persönliches S und benachteiligt persönliches A.

Ein Vorzug in der Funktion zeigt sich dann in den Wahrscheinlichkeitsrechnungen. Die Zahl der Obereinheiten hat ja für die Eröffnung einen gewissen Einfluß auf die Verteilung von S und A, das ist bereits erwähnt, aber daneben macht sich die Funktion der Obereinheiten, sowohl in der Eröffnung als auch im Satzinnern, sehr deutlich bemerkbar, soweit die Werte nicht zu gering und daher bloß zufällige sind. Besonders wichtig sind die Zahlen der Differenz von tatsächlichem und wahrscheinlichem Wert zugunsten von S; dabei ist die Differenzzahl, welche Sätze und Satzinneres ohne A und ohne S ausschaltet, die also für die A 'unparteiischer' ist, noch höher als die andere, welche solche Sätze, solches Satzinnere mitrechnet; die niedere Differenzzahl erreicht selbst für die Eröffnung im Stein des Pietro 14,83 %, annähernd 15 %, die entsprechend höhere 14,92 % ebenfalls annähernd 15 %, die übrigen Differenzzahlen sind viel höher und erreichen ihren Höhepunkt in der 'unparteiischen' höheren Zahl 45,27 für Satzinneres im Silbergarten, welche den Wahrscheinlichkeitswert von 43,58 übersteigt. — Man darf wohl mit Sicherheit annehmen, daß auch der niedrigste tatsächliche Gattungswert von S den Wahrscheinlichkeitswert übersteigt; denn bei niedrigen Werten von S handelt es sich gewöhnlich um Sätze mit verhältnismäßig vielen Obereinheiten, in denen daher der Wahrscheinlichkeitswert von S ebenfalls gering ist.

Die vorhergehenden Betrachtungen haben gezeigt, daß wahrscheinlich die Gattungswerte, welche der natürlichen Rede oder den ihr zunächststehenden Stilarten angehören, fast immer S* überwiegen lassen, gewisse Gattungen sogar sehr stark, daß der Durchschnitt der natürlichen Rede und der ihr ähnlichen Stilarten einen Überschuß von S* aufweist, während sich die künstliche davon zuungunsten von S* entfernt. Dagegen halte man die Zahlen für Wortfragen in Huchs Geschwistern: S* 20 = 15,38 %, A* 110 = 84,62 %!

Die einzelnen abhängigen nachstehenden Sätze wie *Ich glaube, Sie irren* und *Er glaubte, er sei im Recht* weisen bei Friedrich Huchs Geschwistern, offenbar auch sonst, ungewöhnlich hohe Prozentzahlen für S* auf: 85,25 % und 89,23 %; bezeichnenderweise die Sätze die höhere, welche den Konjunktiv als Zeichen der Abhängigkeit haben. Gerade in solchen Sätzen handelt es sich aber fast immer um Tatsächlichkeit; somit wird durch diese Prozentzahlen die Annahme bestätigt, daß die Form solcher Sätze S* ist — darin liegt ein Vorzug des Subjekts in der Funktion. Man darf hier auch wohl an jene 94 % S* in den ersten Sätzen der Träume von Huch erinnern.

Alle diese Tatsachen lassen nur den éinen Schluß zu: Das Subjekt hat seiner Funktion nach im Sinne der Wortstellung einen Vorzug vor der Gesamtheit der übrigen durch A bezeichneten Obereinheiten.

Damit ist nicht gesagt, daß das Subjekt vor jedem einzelnen A den Vorzug hat. Zählen wir die Sätze, in denen eine Obereinheit eröffnet, z. B. S und diejenigen, in welchen sie steht ohne zu eröffnen, so finden wir z. B. in Huchs Geschwistern für das Subjekt 65,9 % Sätze, wo es eröffnet; für die Zeitbestimmung 59,98 % Sätze, welche sie eröffnet, das Subjekt ist also der Zeitbestimmung, die hierin vielleicht die andern Bestimmungen übertrifft, um etwa 6 % voraus. Es wird aber auch wohl Werke geben, in denen hierin die Zeitbestimmung den Vorzug vor dem Subjekt hat; vielleicht auch nach der Wahrscheinlichkeitsrechnung.

Den Ausschlag gibt aber einfach die tatsächliche Verteilung der Satzformen und damit verglichen die tatsächliche Verteilung der Formen des Satzinnern. Das allgemeine Bild ist und bleibt ein Überragen der mit dem Subjekt eröffneten Satzform. Auf dieses allgemeine Bild wird man immer wieder zurückkommen, auch wenn man nach dem Vorgang von Ries noch viel mehr Einzeluntersuchungen vornimmt als sie mir hier möglich waren.

Verschiedene Gesetze wirken auf die Satzeröffnung, die Kräfte sind teils für S, teils für A günstig, aber in dem Ringen dieser Gesetze behauptet sich siegreich das Subjekt, und zwar gegen alle A zusammen, die in der Funktion von einander abweichen: man denke an Objekt, Umstandsbestimmung, Nominalprädikat, Infinitiv.

Noch stärker würde die Überlegenheit von S hervortreten, wenn wir es mit den einzelnen A — Objekt, Umstandsbestimmung usw. verglichen, z. B. nur mit den Umstandsbestimmungen. Der Stein des Pietro weist für S* eine geringe Prozentzahl auf, 46,67, alle Umstandsbestimmungen, selbst wieder eine bunte Masse, zählen zusammen 32,73%, d. h. um etwa 14% weniger Sätze in denen sie eröffnen als S*. Alle übrigen A zusammen, eine noch buntere Masse, weisen zusammen nur 20,6% auf.

Anmerkung. Auch wenn man die Satzgefüge mitrechnet, in denen ein Satz eröffnet, verschiebt sich das Bild lange nicht so sehr zuungunsten der S*, daß diese in allen Stilgattungen unter 50% herabgedrückt würden, wenn sie sonst nicht zu nahe bei 50% stehen. Z. B. die S*-Prozentzahl der Wahlverwandtschaften wird durch die Hereinziehung dieser Satzgefüge von 66,06% auf 56,40% herabgedrückt, dieser Minderungswert von nahezu 10% ist aber wohl der höchste durchschnittlich mögliche. In wissenschaftlichen Werken treten dann nach meinen Beobachtungen in derartigen Satzgefügen mehr S* auf als sonst, natürlich weniger S* als A*, sodaß der Minderungswert geringer ist, in Martys Kasustheorie noch 48,68%–41,35% = 7,33%, dagegen in Brugmann, Verdunkelte Präpositionalkomposita im Griechischen IF. 29, 229 ff. 53,46%—51,43% = 2,03%. Die wissenschaftliche Abhandlung neigt also auch hierin zum Ausgleich der Zahlenwerte. — Satzgefüge enthalten viel weniger S*- als A*sätze, vgl. — die Zahlen der eröffnenden Sätze in Klammern:

	Silbergarten		Stein des Pietro	
S*	13	(8)	3	(1)
A*	372	(255)	46	(35)

Unter den 372 A* des Silbergartens ist 1 Satzgefüge mit 2 nicht eröffnenden Sätzen.

Dazu ist der tatsächliche Wert der Eröffnung eines Satzgefüges durch einen Satz gegenüber der Stellung nach der Eröffnung größer als der Wahrscheinlichkeitswert, im Silbergarten 2,09 mal, im Stein des Pietro

1,90 mal, in beiden rund zweimal so groß. Die Satzgefüge mit eröffnenden Sätzen haben also ihre eigenen Gesetze, ein Umstand, der erlaubt, sie als Unterabteilung der Sätze im weiteren Sinne zu betrachten. Auch die Hereinziehung der Satzgefüge ändert nichts an der Tatsache, daß S* die überwiegende Satzform ist. Die Hereinziehung der Satzgefüge mit eröffnenden Sätzen habe ich auch deshalb vermieden, weil hier die Verteilung von S* und A* viel zufälliger ist als in den Sätzen, wo kein Satz eröffnet. S* schwankt von 2 % bis 30 %!

S* ist im allgemeinen die eigentliche Satzform, die A* treten zurück und werden vielfach nur stilistisch zur Abwechslung gebildet. Mein Sprachgefühl empfindet auch Werke mit ziemlich stark überwiegender Subjektseröffnung als natürlich, häufiger Beginn mit A* dagegen macht auf mich den Eindruck des Ungewöhnlichen, unter Umständen des Gesuchten. Gerade die Werke Goethes mit der hohen Prozentzahl von S* — Werther, Erwin und Elmire mit etwa 75 % — machen infolge dieser Verteilung der Satzformen den Eindruck des Natürlichen. — Die Leidenschaft stürmt namentlich in Werther geradeaus, ohne sich um solche und andre Formsachen zu kümmern, dagegen in der Iphigenie geht die stilistische Arbeit mehr auf die einzelnen Satzinhalte, daher das starke Anwachsen von A*, das in der letzten Fassung noch etwas gesteigert ist (aber wobei A* dem S* doch nicht gleichkommt).

Man darf daher sagen: Wäre unser Deutsch stilistisch nicht in diesem Sinne gepflegt, so würden die S* wohl noch mehr überwiegen[1]). Dazu stimmt eine Beobachtung: Sowohl der Vortragende als der Schreibende bringen vielfach am Anfang verhältnismäßig viele A*, der Vortragende oder Schreibende bemüht sich, die gewähltere Form zu gebrauchen; das geht zum Teil soweit, daß die A* am Anfang überwiegen; bald aber werden die S* als die gewöhnliche bequemere Form häufiger, und holen namentlich die etwa führenden A* bald wieder ein; auch ein Beitrag zu Behaghels Herstellung der syntaktischen Ruhelage im Deutschen, IF. 14, 439.

Wir haben also im neuhochdeutschen Hauptsatz außer V* zwei Typen zu scheiden:

S* ist der ständige, A* der gelegentliche, der namentlich stilistischen Zwecken dient.

---

1) In wissenschaftlichen Arbeiten stehe ich, was häufigere Anwendung von A* betrifft, unter einem gewissen Zwang.

Exkurs über Dittmars Wortstellungstheorie.

(Zu Seite 10 Anmerkung.)

Dittmar geht aus von der Verbtheorie. Sätze mit Endstellung des Verbs deuten nach ihm S. 22, vgl. die Beispiele S. 22, auf 'starke seelische Affiziertheit' des Sprechenden; es handelt sich nach S. 22 z. B. um Unruhe, Besorgnis, Furcht, Angst, Ungewißheit, seelischen Zweifel, Ärger, Zorn. 'Steht hingegen das Verbum finitum am Anfang des Satzes oder an zweiter Stelle, so kommt es dem Sprechenden nicht sowohl darauf an, seine eigene Affiziertheit zum Ausdrucke zu bringen, als vielmehr darauf, den Angeredeten irgendwie zu affizieren, ihn zu beeinflussen, zu bearbeiten, seine Teilnahme zu wecken, oder ihm gefällig zu sein'. S. 23, vgl. die Beispiele S. 22. Vgl. S. 25: Affizierende Sätze werden ausgesprochen 'um den Hörenden zu belehren, zu unterhalten, zu loben, zu tadeln, ihm zu Willen zu sein, ihm entgegenzutreten, kurz irgendwie auf seinen Verstand oder auf sein Gemüt einzuwirken'. —

Wir müssen in den Fällen, die Dittmar im Auge hat, unterscheiden zwischen Äußerung und Kundgabe.

Alles, was ich in meinem Sprechen bekannt geben will, ist Äußerung. (Das Selbstgespräch ist eine besondere Art der Bekanntgabe, z. B. Dittmar S. 29 *Wo nur mein Klemmer steckt!*) Was daneben ohne meinen Willen, z. T. durch mein Zulassen, dem bekannt wird, an den die Äußerung gerichtet ist, oder auch anderen, das ist Kundgabe.

Diesen Unterschied scheint Dittmar im 3. Kapitel S. 23 im Auge zu haben, wenn er schreibt: (Die rhetorischen Fragen) 'weisen zwar alle auf eine gewisse seelische Erregung des Sprechenden hin, aber nicht diese ist es, welche durch den Satz zum Ausdruck gelangt, sondern das Streben des Sprechenden, recht nachdrücklich die Zustimmung des Hörenden zu erzwingen'. '*Zum Ausdruck gelangt*' ist nicht richtig, es müßte heißen '*zum Ausdruck gelangen soll*' — nach der Absicht des Sprechenden. — Z. B. wenn ich einen und denselben Satz *Dein Bruder kommt* einmal in sehr gedrückter, das andremal in sehr fröhlicher Stimmung ausspreche, gebe ich diese Stimmungen auch äußerlich kund: Wohl alle melodischen Unterschiede sind in der gedrückten Stimmung sehr ausgeglichen, in der fröhlichen gesteigert, z. B. Tonschritte, Klangfarbe der Vokale.

Alle Affiziertheit im Sinne Dittmars ist Kundgabe, aber was als seelisches Erlebnis kundgegeben wird, jede Form, in der es kundgegeben wird, z. B. Melodieänderung, Gebärden, geht den Grammatiker als solchen unmittelbar gar nicht an, mittelbar nur insofern, als er es von seiner Betrachtung auszuschließen hat, oder als mittelbare Ursache, z. B. wenn Uhland im Glück von Edenhall sagt: *Einstürmt der Feind mit Brand und Mord*, so wird durch die Erregung eine ungewöhnliche rhythmischmelodische Satzform bedingt (sehr laute, sehr hohe Hebung am Anfang), und durch diese rhythmischmelodische Satzform (nicht unmittelbar durch die Erregung) die ungewöhnliche Wortstellungsform.

Die Wortstellungsformen S*, A*, V* und K* sind aber grammatische Formen; die Bedeutungen, welche durch sie unterschieden werden, müssen also (wesentlich oder nur) grammatisch verschieden sein.

Entsprechendes gilt von den Modusformen, die nach Dittmar ebenfalls teils 'affizierend', teils 'affiziert' sein sollen.

Wenn wir die Erregung, oder Mangel daran, was sonst Kundgabe ist, zum Inhalt unserer Äußerung machen wollen, so haben wir dafür ganz andere Mittel als Wortstellungs- und Modusformen, nämlich Worte und Redensarten: *Ich bin sehr froh, daß es dir gut geht. Ich möchte bersten vor Wut. Ich bin ganz kalt.*

Affizierend kann ich die Äußerungen nur dann nennen, wenn ich 'jemand affizieren' weiter fasse als Dittmar, nämlich so: *etwas tun, was auf jemand Bezug hat*, hier = *jemandem etwas mitteilen, einen fragen, einem befehlen.* Die einfache Mitteilung usw. als solche ist bei der Äußerung das Wesentliche, alles andere, auch das Affizieren im Sinne Dittmars ist nebensächlich und kann der Mitteilung usw. fehlen. Bloße Mitteilungen usw. ohne jedes Affizieren im Sinne Dittmars sind z. B. Sätze wie *Es regnet*, wenn der Sprechende und der Angeredete zu Hause sind und der Regen für sie keine weitere Bedeutung hat, wenn sie z. B. nicht fortgehen wollen. Es gibt ja auch ein wesentlich selbstsüchtiges Mitteilungsbedürfnis, wodurch der Sprechende dém Ausdruck verleihen will, was ihn bewegt, dieses Bedürfnis zeigt sich auch m. E. in den Wiederholungen von Sätzen und noch umfänglicheren Inhalten.

Affizierend sollte als grammatische Benennung, vom Unterschied des Aktivs und Passivs abgesehen, die gleiche Bedeutung haben wie *affiziert*; das ist aber nicht der Fall; *affizierend* heißt *anregend*, *affiziert* dagegen *erregt*. Ein Beweis, daß auch ein Fremdwort undeutlich sein kann, noch dazu ein recht häßlich klingendes.

Affizierend und *affiziert* schließen sich dann gegenseitig gar nicht aus. Dittmar hat wohl an den sonstigen Unterschied von Aktiv und Passiv gedacht, den auch wir im Auge haben, wenn wir Aktiv und Passiv einander gegenüberstellen: éin Tatbestand in zwei Anschauungen, welche zwei grammatische Bedeutungen und durch diese auch zwei grammatische Formen bedingen: *Die Häscher schleppten den Gefangenen vor den Richter — Der Gefangene wurde von den Häschern vor den Richter geschleppt*; also zwei verschiedene Subjekte. Aber hier ist es ein und derselbe, der erregt sein kann (ohne daß dies die Grammatik berührt) und der einem andern (oder: andern) oder sich selbst etwas mitteilt. Wer wie Dittmar diese beiden Seiten des Sprechakts ins Auge faßt, hat nicht das Recht, einmal die eine, einmal die andere Seite als unwesentlich zu betrachten, wie es Dittmar z. B. S. 23 oben tut.

Die sogenannten affizierenden Wortstellungsformen. Äußerungen, also affizierend in meinem Sinne, mitteilend usw., sind alle Sätze, nicht bloß die Hauptsätze, sondern auch die sogenannten erstarrten Nebensätze, die Dittmar S. 22 und S. 27 anführt, z. B. *Daß ihr auch gleich immer eine solche Angst habt!* Entsprechendes gilt von den gewöhnlichen Nebensätzen, die Teil eines größern Satzes sind.

Selbst im Sinne Dittmars sind viele erstarrte Nebensätze affizierend, sogar solche, die er als Musterbeispiele anführt (S. 22): *Daß du ihn aber auch gerade jetzt fortgeschickt hast! Daß ihr auch gleich immer solche Angst habt! Daß du dich nicht wieder unterstehst so lange auszubleiben*! Alle diese Sätze sind an den oder die Angeredeten gerichtet, der erste und zweite enthalten einen Tadel oder Vorwurf, der letzte einen ausdrücklichen Befehl. — Wenn ich eine Frage in Nebensatzstellung wiederhole, so will ich doch damit den Hörenden auch im Sinne Dittmars affizieren, auch in der von ihm affiziert genannten Wortstellungsform: *Wann bist du heim gekommen? — Wann du heimgekommen bist?!* Hält man sich nur an das wirklich Vorliegende, den Nebensatz, dann gäbe der Sprechende damit die Absicht zu 'affizieren' auf — wozu dann die Wiederholung?

Nach Dittmar wären freilich solche erstarrte Nebensätze erst dann vollständig, wenn sie durch Hinzufügung eines Hauptsatzes 'ergänzt' würden, Dittmar S. 29. Aber es heißt unabhängig (nach Dittmar!) *Warum er nur nicht kommt,* untergeordnet: *Weiß jemand, warum er nicht kommt?* unabhängig: *Daß du ihn aber auch gerade jetzt fortgeschickt hast!* untergeordnet: *Das ist auch zu dumm, daß du ihn gerade jetzt fortgeschickt hast;* unabhängig: *Daß Ihr auch gleich immer solche Angst habt!* untergeordnet: *Man sollte garnicht glauben, daß Ihr immer gleich solche Angst habt!* (Die unabhängigen Fälle S. 22, die untergeordneten S. 29 f.) D. h. in diesen sowie in vielen anderen Fällen ist eine solche Ergänzung des vorliegenden Nebensatzes, genau wie er vorliegt, samt *nur* oder *(aber) auch* usw., gar nicht möglich. Bei der Entstehungsgeschichte solcher Sätze spielt die analogische Nachbildung des Gehörten eine große Rolle, bei dieser Nachbildung brauche ich nichts zu ergänzen und ergänze auch tatsächlich nichts.

Dittmar geht — ganz folgerichtig — noch weiter und ergänzt sogar 'unvollständige' Hauptsätze S. 24, 27, 32 Anmerkung. S. 25 faßt er Aussagen als Antworten auf Fragen, die der Sprechende beim Hörenden stillschweigend voraussetzt. Mit allen solchen Annahmen überlassen wir uns vollständig unserer Einbildungskraft. Wir sollten endlich einmal aufhören in den grammatischen Gebilden das zu suchen, was sie nach veralteten Anschauungen sein *sollen*, wir haben die Aufgabe zu erkennen, was sie *sind.*

Die erstarrten Nebensätze sollen nach Dittmar von Hause aus monologisch, die Hauptsätze dialogisch sein, S. 30. Dazu stimmen die schon erwähnten von Dittmar S. 22 angeführten Sätze nicht, welche ein Pronomen der zweiten, der angeredeten Person enthalten. So kann ich schon das erstemal jemand fragen: *Wo nur das Kind steckt?* Umgekehrt kommen auch im Selbstgespräch viele Hauptsätze vor, ganz natürlich, weil Hauptsätze schon an sich viel häufiger sind als erstarrte Nebensätze. Man fragt sich nicht bloß *Wo nur mein Klemmer steckt!* sondern auch *Wo steckt nur mein Klemmer!* Daß die Anrede an einen andern (oder: an andere) gerichtet ist und nicht Selbstgespräch ist, das zeigen gewisse Merkmale, die ganz anderer Art sind als Wortstellungsformen: Sprechen nach der betreffenden Richtung, vielfach größere Lautheit der Stimmen, z. T. unmittelbarer Anruf, z. B. *Du! Anna!* Gebärden, z. B. Winken.

Untergeordnete Nebensätze sind ein Teil einer Mitteilung oder Frage oder eines Befehls und als solche 'affizierend' auch im Sinne Dittmars. Inhaltlich ist, wie auch Dittmar S. 5 hervorhebt[1]), vielfach ein solcher Nebensatz der wichtigste Teil des größeren Ganzen, z. B. *Haben Sie schon gehört, daß der König gestorben ist?* Man kann auch nicht sagen, das Satzstück *Haben Sie gehört* allein sei affizierend, der Satz *daß der König gestorben ist* nicht.

Die sogenannten affizierten Wortstellungsformen. Nach Dittmar S. 30f. können wir nicht sagen: *Ich glaube kaum, es regnet noch; Ich bin keineswegs überzeugt, du hast Recht; Es gibt niemand, der glaubt noch an den Teufel.* Das ist eine richtige und wertvolle Beobachtung. Aber daß wir in solchen Fällen immer den Nebensatz anwenden müssen, kommt nicht von einem 'innern Kampf', von einem 'Schwanken zwischen zwei Möglichkeiten' einer 'Opposition gegen eine andere Meinung', welche seelische Affiziertheit und durch diese die affizierte Wortstellung bedingte. Auf mich macht nicht der untergeordnete Neben- oder Hauptsatz allein, sondern der ganze größere Satz, der diesen untergeordneten Satz enthält, einen gewissen Eindruck. Man vgl. 1. *Ich glaube, er ist krank;* 2. *Ich glaube, daß er krank ist.* — 1. *Ich glaube, es regnet bald;* 2. *Ich glaube, daß Gott mich geschaffen hat.* Auf mich macht die Form 2 mit untergeordnetem Nebensatz den sachlicheren, sicherern Eindruck, die Form 1 mit untergeordnetem Hauptsatz den weniger sicheren, unbestimmteren. Auch ein Satz *Ich weiß, daß du ein braver Bursche bist* klingt sachlicher, kälter als ein anderer: *Ich weiß, du bist ein braver Bursche;* dieses erscheint daneben herzlicher. Man wird wohl sagen dürfen, daß hier dasjenige, was sachlicher wirkt, auch sachlicher gemeint ist. Damit haben wir aber — abgesehen von dem Unterschied, daß die Wirkung den ganzen größeren Satz, nicht den untergeordneten allein betrifft — so ziemlich das Gegen-

[1]) Die von Dittmar daran geknüpften Folgerungen sind völlig abzulehnen.

teil von dem, was Dittmar annimmt. Nach Dittmar bedeutet freilich ein Satz wie *Ich glaube, es regnet bald* Gleichgiltigkeit, ein Satz wie *Ich glaube, daß Gott mich geschaffen hat,* ist nach ihm 'der Ausdruck einer festen Überzeugung, eines unerschütterlichen Bekenntnisses, zu welchem sich der Sprecher vielleicht durch schwere innere Kämpfe durchgerungen hat'.

Der Unterschied der Verwendung der Haupt- und der Nebensätze in solchen Fällen erklärt sich ganz anders, als Dittmar angibt, nämlich etwa folgendermaßen:

Ein jeder Satzinhalt hat je nach seiner Form und Bedeutung ein bestimmtes Verhältnis zur Tatsächlichkeit. (Das ist etwas Psychologisches.) Z. B. in bejahenden behauptenden Hauptsätzen ist die Tatsächlichkeit ohne weiteres gegeben. Wollten wir sagen: *Ich glaube kaum, es regnet noch; Ich bin keineswegs überzeugt, du hast Recht; Es gibt niemand, der glaubt noch an den Teufel,* so würde die an sich gegebene Tatsächlichkeit des untergeordneten Hauptsatzinhaltes in eine widersinnige Beziehung zu *kaum* oder *nicht* oder *niemand* gezwungen. In untergeordneten, behauptenden Nebensätzen dagegen wird die Art der Tatsächlichkeit erst durch den Zusammenhang bestimmt; ihr Inhalt ist also verglichen mit dem des entsprechenden Hauptsatzes farblos und kann daher Verbindungen eingehen wie: *Ich glaube kaum, daß du Recht hast; Ich glaube nicht, daß du Recht hast; Niemand glaubt, daß du Recht hast.* (Diese Unterscheidung ist dann analogisch ausgedehnt worden, man kann nur sagen: *Ich leugne nicht, daß du mich überzeugt hast*, aber nicht: *Ich leugne nicht, du hast mich überzeugt.*)

Ein besonderer Fall von Bedeutungsentwicklung ist die Verwendung von *glauben, meinen denken* u. ä. Die Tatsächlichkeit des untergeordneten Hauptsatzes wird durch seine Verbindung mit einem solchen Verb abgeschwächt, die Verbindung mit *glauben* kann dagegen dem untergeordneten Nebensatz feste Tatsächlichkeit verleihen. Daher der von Dittmar erwähnte Unterschied bei *glauben.*

Die Frage ist noch im ganzen zu untersuchen, aber sicher nicht im Sinne Dittmars zu beantworten.

'Affiziertheit' zeigt sich nun allerdings gerade in erstarrten Nebensätzen, aber das hängt immer mit der Bedeutung des Satzes zusammen, und diese stellt ihn in die Nähe von V*sätzen, von fragenden und ausrufenden Sätzen in

Stellung S* und A*; die sind dann doch ebenfalls 'affiziert'! Z. B. *Ob du hergehst? Gehst du her? — Daß er sich den Fehler noch nicht hat abgewöhnen können! Hat er sich den Fehler noch nicht abgewöhnen können! — Daß du mir fleißig bist! Sei mir fleißig! — Wenn ich ihn doch bald wiedersehen könnte! Könnte ich ihn doch bald wiedersehen! — Wer das nur gewesen sein mag? Wer mag das nur gewesen sein! — Wo er wohl steckt? Wo steckt er wohl?*

Es gibt ferner ganz ruhige erstarrte Nebensätze: *Ob ich wohl heute noch ausgehe?* und Hauptsätze in Stellung S* A* V* mit größter Erregung, ohne jede Verwandtschaft mit erstarrten Nebensätzen: *Der König ist ermordet! Auf dem Schloß brennt es! Geh zum Teufel!*

Dittmar erwähnt nun S. 31 f. die Tatsache: Wird ein Fragesatz in Hauptsatzstellung nicht verstanden, so wird er wiederholt, gewöhnlich in Nebensatzstellung: *Wie heißt denn dein Bruder? Wie dein Bruder heißt?!* Und diese zweite Frage wird gewöhnlich 'affiziert', in Erregung gesprochen.

Das stimmt, aber es ist auch nur ein Teil einer viel umfassenderen Erscheinung.

Ich sage *Heute kommt der Hérzog* und wiederhole, wenn ich nicht verstanden werde, gereizt, also 'affiziert': *Der Hérzog kommt heute.* Ich sage *Gib das Búch her* und spreche das zweitemal ärgerlich, also 'affiziert': *Das Búch gib her*, oder: *Du sollst das Búch hergeben*, oder: *Das Búch sollst du hergeben.*

Ich wiederhole, das ist das Wesentliche, einfach den Satzinhalt, vielleicht mit kleinen Änderungen — *gib her, du sollst hergeben* — in einer anderen Wortstellungs- und in anderer rhythmischer Form (dabei spielen aber auch Hauptsatzformen eine Rolle!). Die zweite Form ist, als Ganzes genommen, wahrscheinlich regelmäßig die ungewöhnlichere, z. B. *Das Búch sollst du hergeben* rhythmisch für jemand, der sonst nicht mit einer Hebung ersten Ranges beginnt. Die Nebensatzform wird nur dann gebraucht, wenn Form oder Bedeutung oder beide kein Ausweichen in eine andre Form erlauben; z. B. *Wer war da; Wer da war? — Wo gehst du hin; Wo du hingehst? — Gehst du fort; Ob du fortgehst? — Da war wer?* und *Du gehst wohin?* sind kaum oder nicht möglich, *Du gehst fort* wäre zweifelnde Behauptung, ergäbe also keine Steigerung. Ich kann nur sagen *Heute kommt der König*, auch in der höchsten Erregung, aber nicht: *Daß heute der König kommt*, außer in Verwunderung. Die Form mit *daß* kann auch nicht jeden Imperativ ablösen, wahrscheinlich nur solche, deren Erfüllung nicht sofort erwartet wird: *Daß du mir die Haustür schließt!* Und so haben alle solche erstarrten Nebensätze eine Bedeutungsfärbung, die zwar schwer zu erkennen ist, aber jedenfalls mit Erregung oder Ruhe unmittelbar nichts zu tun hat.

Die Verbtheorie hat schon S* und A* nicht geschieden, Dittmar verbindet noch Typus I und II = S*A* und V* als affizierende Form und stellt ihr den Typus III der Verbtheorie = K* als affizierte gegenüber.

Wie faßt aber Dittmar Sätze ohne Verb auf? —

Die Modusformen lassen sich ebensowenig darnach einteilen, ob sie mit gewissen Erregungen verbunden sind oder nur anregen sollen. 'Affizieren' auch im Sinne Dittmars können alle, nicht bloß Indikativ und Imperativ. Erregt oder ruhig können alle sein. Es läßt sich nicht scheiden zwischen dem 'ruhigen' Indikativ, dem 'schwungvollen' Potentialis usw., S. 62f. S. 60ff. Man denke sich Weissagungen wie die des alten Attinghausen, Jubelrufe wie *Der Sieg ist unser* im sogenannten Potentialis, gerade das nähme dem Inhalt jeden Schwung, den er im Indikativ hat. *Du wärst so falsch gewesen?* (Max zu seinem Vater, Die Piccolomini 5, 1) ist Potentialis und hat einen seelisch niederdrückenden Inhalt. — Auch der Modus hat es mit Färbung der Tatsächlichkeit zu tun.

Wortstellung und Modus sind im heutigen Nhd. in gewissen Grenzen noch lebendige Formen; aber nach Dittmar, vgl. S. 60 unten f., soll ein und derselbe Satz dem Modus nach 'affiziert', der Wortstellung nach 'affizierend' sein können, vgl. die zahlreichen Beispiele S. 61. Die Formgebiete müßten sich demnach überschneiden. Vgl. dagegen hier S. 46ff. über den Wettbewerb verschiedener Formen!

Man denke sich dann die Verteilung der nach Dittmars Auffassung derartig verschiedenen Inhalte in zusammenhängender Rede; die nach Dittmar erregten Inhalte hebe ich durch Sperrdruck hervor: *Neulich, wie ich droben im Gebirg war, hab ich einen wunderbaren Festzug gesehen. Da hättest du dabei sein sollen!* (Wunsch.) *So eine Pracht kann man sich kaum vorstellen! Und das herrliche Wetter, das dabei war!* Nach unserer Erfahrung gibt es keinen so schnellen fortwährenden Wechsel von Erregung und Ruhe. Der Wechsel selbst deutet vielmehr auf die fortwährende Erregung des Sprechenden.

Berichtigung zu S. 60.

Von Zeile 3 an bitte ich zu lesen:

Külpe.

Der Stein des Pietro. **Der Silbergarten.**

Eröffnung.

(Hier kein Satzgefüge.)

Darunter über Kolumne:

2 und 3: S*
4 und 5: A*
6 und 7: S*
8 und 9: A*

einzufügen.

Kolibri 360 GmbH
Ferdinand-Jühlke-Straße 7
99095 Erfurt, Deutschland
produktsicherheit@kolibri360.de